# 数码摄影 用光与曝光

## 从拍摄到后期

**LIGHTING & EXPOSURE**

FROM SHOOTING TO POST EDITING

单反摄影入门知识 ◎ 主编

北极光摄影 ◎ 编著

人民邮电出版社

北 京

**图书在版编目（ＣＩＰ）数据**

数码摄影用光与曝光：从拍摄到后期 ／ 单反摄影入门知识主编 ； 北极光摄影编著. -- 北京 ： 人民邮电出版社，2020.8
ISBN 978-7-115-53633-4

Ⅰ．①数… Ⅱ．①单… ②北… Ⅲ．①数字照相机－摄影技术 Ⅳ．①TB86②J41

中国版本图书馆CIP数据核字(2020)第045826号

## 内 容 提 要

　　摄影的表现与光影效果有关，用光和曝光则是控制光影效果的重要要素。本书从曝光理念、菜单设置、色彩与用光基础理论、实用附件、实拍技巧及后期处理6个部分，系统全面地介绍了前期拍摄与后期修片的关键知识和技法。书中精选了人像、风光、动物、花卉、微距、夜景等典型拍摄主题，详细介绍了不同拍摄主题下用光和曝光技巧，并辅以丰富的图例，直观地展示出使用此技法后可以给画面带来的变化，从而让读者更容易理解并掌握摄影用光。此外，针对部分前期拍摄技巧，本书还提出了完备的后期处理方案，将前期拍摄与后期处理相结合，旨在用后期完善前期，帮助读者创作出令人满意的摄影作品。

　　本书还提供了后期处理案例的多媒体学习资料，读者可以通过扫描书中二维码观看对应案例的视频教程，学习后期修片的详细操作步骤。

　　本书适合刚接触摄影的读者。通过阅读本书，读者能够在较短时间内掌握用光与曝光的诸多实用技法，轻松应对不同的拍摄场景，让照片呈现出理想的光影效果。

◆ 主　　编　单反摄影入门知识
　　编　　著　北极光摄影
　　责任编辑　张　贞
　　责任印制　周昇亮

◆ 人民邮电出版社出版发行　　北京市丰台区成寿寺路 11 号
　　邮编　100164　电子邮件　315@ptpress.com.cn
　　网址　https://www.ptpress.com.cn
　　天津市豪迈印务有限公司印刷

◆ 开本：690×970　1/16
　　印张：17　　　　　　　　　　　2020 年 8 月第 1 版
　　字数：389 千字　　　　　　　　2020 年 8 月天津第 1 次印刷

定价：89.00 元

**读者服务热线：（010）81055296　印装质量热线：（010）81055316**
**反盗版热线：（010）81055315**
广告经营许可证：京东市监广登字 20170147 号

# 前　言

本书内容总体上可以划分为曝光理论、菜单设置、色彩与用光基础理论、实用附件、实拍技巧及后期处理6个部分，全面而细致地讲解了以下内容。

第1章～第4章为曝光理论讲解。其中在第1章中讲解了使用相机拍摄的拍摄流程，如掌握相机的基础操作方法、拍前应该思考的问题、拍摄中和拍摄后的注意事项，等等；在第2～4章中，介绍了相机曝光设置知识，讲解了各个拍摄模式、测光模式、曝光补偿、曝光模式、包围曝光、对焦模式等。

第5章是菜单设置讲解。介绍了与曝光、用光相关的菜单功能设置，如色彩空间、高光警告、动态D-Lighting、自动亮度优化、HDR、多重曝光、间隔拍摄等。

第6章～第9章为色彩与用光基础理论讲解。内容包括画面的色彩和光线等必要的摄影理论知识，结合器材知识的讲解，为后面进行实际拍摄打下了坚实的基础。

第10章～第11章为实用附件讲解。内容包括可以影响曝光的相关附件，帮助读者理解并掌握它们的作用及使用技巧，以便在实拍过程中灵活运用。

第12章～第16章为实拍技巧讲解。分享了人像、日出日落、山景、水景、树木、雪景、云雾、动物、禽鸟、花卉、昆虫、微距、建筑及夜景等题材的实拍技巧知识，让读者在掌握理论知识的同时，也能补充足够的实战知识。

在数码时代，后期处理可以说是摄影创造必不可少的环节，是完善前期拍摄的关键。对于后期处理，本书并未以单独的章节进行介绍，而是将最典型、最实用的后期技巧融入以上五大部分中（在目录中以图标和鲜艳的字体颜色标示出来），用典型的后期处理案例，通过视频讲解详细剖析了后期调修技法及具体操作步骤。

可以说，本书为读者提供了一个完整的摄影学习体系，其中以图书为主要载体，以数字资源为后续支持，任何一个有学习意愿的读者，都能够借助这个体系轻松掌握所需要的摄影知识，并通过练习创作出令人满意的摄影作品。

编者

# 资源下载说明

本书附赠案例配套素材文件，扫描右侧的资源下载二维码，关注"ptpress 摄影客"微信公众号，即可获得下载方式。资源下载过程中如有疑问，可通过客服邮箱与我们联系。

客服邮箱：songyuanyuan@ptpress.com.cn

扫一扫　学摄影

资　源　下　载
扫　描　二　维　码
下载本书配套资源

# 目录

# 第11章
# 人造光的器材及其类型　171

# 第12章
# 人像摄影用光与曝光实战
# 189

# 第 15 章
# 花卉、昆虫及微距摄影用光
# 与曝光实战 242

# 第 16 章
# 建筑和夜景用光与曝光实战
#  255

第1章

快速上手掌握拍摄流程

## 1.1 掌握相机按钮的使用方法

对于摄影初学者来说，首先需要通过摄影书籍或相机自带的说明书，来了解自己手中相机按钮的功能，掌握按钮的操作方法。

有些按钮只有一个功能，如MENU、▶、🗑按钮等，直接按下按钮便可以跳转界面。而有些按钮则包含两个不同的功能，在不同状态下，按下按钮可以起到不同的作用，如佳能相机的⊞/🔍按钮，在拍摄状态下按下此按钮可以用来选择自动对焦点，而在播放照片状态下按此按钮则会放大显示照片。

还有些按钮需要在按下不放的同时，配合拨盘或转盘来使用，而根据转动的拨盘的不同，按钮所起到的作用又不相同，如尼康相机AF模式按钮，如果按下此按钮并转动主指令拨盘，可以设置对焦模式；如果按下此按钮并转动副指令拨盘，则可以设置对焦区域模式。

除了上面介绍的调节对焦模式和对焦区域模式以外，这里简单介绍3个常用的左右手协同操作方式，以尼康相机为例。

1. 左手按住WB（白平衡）按钮，右手调节相机背面的主指令拨盘可选择白平衡模式，调节副指令拨盘可调整色温。

2. 左手按住ISO按钮，右手调节相机背面的主指令拨盘可调整ISO感光度具体数值，调节副指令拨盘可在ISO自动模式（Auto）和手动模式间切换。

3. 左手按住BKT（包围曝光）按钮，右手调节相机背面的主指令拨盘可调整包围曝光张数，调节副指令拨盘可调整曝光量增减数值。

熟练掌握包括AF按钮的这4种快捷操作方式，可以有效提高拍摄效率，防止错失精彩瞬间。

如果不清楚按钮的使用方法，不仅不能充分发挥相机的功能，而且不能在面对需要抓拍的对象时，迅速设置出恰当的参数。所以说，熟悉并熟练掌握相机按钮的使用方法，是拍出好照片必不可少的前提条件。

# 1.2 掌握菜单的使用方法

数码单反相机的菜单功能非常强大，熟练掌握菜单相关的操作，可以帮助我们进行更快速、准确的设置。下面以佳能、尼康相机为例分别讲解一下机身上与菜单设置相关的功能按钮。

● 菜单按钮
按下此按钮即可在显示屏中显示菜单项目

● 主设置页

● 第二设置页

● 液晶显示器
用于显示菜单项目

● SET按钮
用于选择菜单命令或确认当前的设置

● 多功能控制钮
用于选择菜单命令

通过上面的示例图可以看出来，佳能相机提供了5个菜单设置页（位于菜单顶部的各个图标），从左到右依次为拍摄菜单 🖸、回放菜单 ▶、设置菜单 🔧、自定义功能菜单 🖳.及我的菜单 ★。在操作时，按下 Ⓠ 按钮可在各个主设置页之间进行切换，按下 ◀ 或 ▶ 方向键可以选择第二设置页，还可以通过按SET按钮直接选择。

下面以设置"选择文件夹"选项为例，介绍设置菜单参数的操作方法。

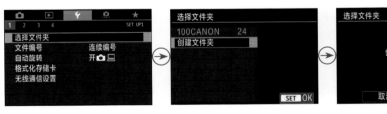

❶ 在**设置菜单**1中选择**选择文件夹**选项

❷ 选择一个现有的文件夹，则此后拍摄的照片都将被记录在选定的文件夹中

❸ 如果在步骤❷中选择**创建文件夹**选项，并按 SET OK 可以创建一个文件夹编号增加1的新文件夹，然后选择**确定**选项即可

尼康相机的结构虽然不完全相同，但操作方法有颇多相似之处。

**● 菜单按钮**
按此按钮即可在显示屏中显示菜单项目

**● 帮助按钮**
在选择各个菜单命令时，按下此按钮可以查看基本的功能介绍

**● OK（确定）按钮**
用于选择菜单命令或确认当前的设置

**● 多重选择器**
用于选择菜单命令。按◀或▶方向键还可以在子菜单与父菜单之间进行切换

通过上面的示例图，可以看出来，尼康相机提供了8个菜单设置页，即位于菜单左侧的各个图标，从上到下依次为播放▶、照片拍摄⬛、动画拍摄▦、自定义设定⬥、设定🔧、润饰✎、我的菜单⬚以及最底部的问号❓图标（即帮助图标）。当问号❓图标出现时，表明有帮助信息，此时可以按帮助按钮进行查看。

菜单的基本操作方法如下。

❶ 要在各个菜单项之间进行切换，可以按◀方向键切换至左侧的图标栏，再按▲或▼方向键进行选择。

❷ 在左侧选择一个菜单项目后，按▶方向键可进入下一级菜单，然后可按▲和▼方向键选择其中的子菜单命令。

❸ 选择一个子菜单命令后，再次按▶方向键进入其子菜单中，根据不同的参数内容，可以使用主指令拨盘、多重选择器等进行参数设置。

❹ 参数设置完毕后，按▶方向键或OK按钮即可确定参数设置。如果按◀方向键，则返回上一级菜单中，并不保存当前的参数设置。

下面以设置"设定优化校准"选项为例，介绍设置菜单参数的操作方法。

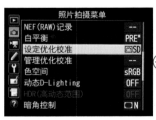

❶ 选择**照片拍摄菜单**中的**设定优化校准**选项

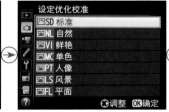

❷ 按▲或▼方向键选择预设的优化校准选项

❸ 按▲或▼方向键可选择要编辑的优化校准参数，按◀或▶方向键可调整参数的具体数值，然后按OK按钮确定

# 1.3 掌握液晶显示屏的使用方法

数码单反相机都有一块位于机身背面的显示屏，即官方称为"液晶显示屏"的组件。可以说，相机所有的查看与设置工作，都可以通过这块液晶显示屏来完成，如回放照片及拍摄参数设置等。

△ 佳能相机：按 Q 按钮，即可在液晶显示屏中显示速控屏幕

佳能、尼康数码单反相机都提供有液晶显示屏快速设置参数功能。通过快速参数列表，用户可以快速设置常用的参数，省去在众多菜单项目中寻找项目设置的时间。

下面以佳能、尼康相机为例，分别进行讲解。

佳能相机通过速控屏幕设置拍摄参数的方法如下。

❶ 按 Q 按钮显示速控屏幕，然后使用多功能控制钮选择要设置的项目。

❷ 转动主拨盘 ⚙ 或速控转盘 ○ 即可更改设置。

❸ 如果在❶中选择一个项目后，按下 SET 按钮，则可以进入该项目的详细设置界面，在详细界面中可以按 ▼ 方向键或拨动主拨盘更改参数。

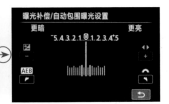

尼康相机通过速控屏幕设置拍摄参数的方法如下。

❶ 按 info 按钮启用显示屏拍摄信息，然后按 *i* 按钮，显示常用设定列表。

❷ 使用 ▲ 或 ▼ 方向键选择要设置的拍摄参数。

❸ 按 OK 按钮可以进入该拍摄参数的具体设置界面。

❹ 按 ▲ 或 ▼ 方向键选择不同的参数，然后按 OK 按钮即可确定更改并返回初始界面。

△ 尼康相机：按 info 按钮显示拍摄信息后，再按 *i* 按钮，即可显示常用设定列表

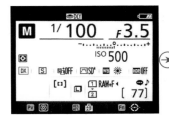
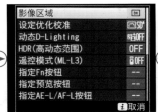

# 1.4 掌握肩屏的使用方法

被许多摄影爱好者称为"肩屏"的部件，是指相机顶面的液晶显示屏。它是在设置参数时不可或缺的重要部件。肩屏中已经囊括了几乎全部的常用参数，这已经足以满足我们进行绝大部分常用参数设置的需要，耗电量又非常低，且便于观看，推荐用户使用。

通常情况下，使用肩屏设置参数时，应先在机身上按下相应的按钮，然后转动主拨盘或速控转盘即可调整相应的参数（尼康相机为按下相应的按钮，然后转动主指令拨盘或副指令拨盘）。

当然，对于光圈、快门速度这样的参数，在P、A、S和M拍摄模式下，直接转动主拨盘或速控转盘即可进行设置，而无须按下任何按钮。

右图以佳能、尼康相机为例分别对肩屏的使用方法进行讲解。

**操作方法** 佳能数码单反相机设置 ISO 感光度

按住ISO按钮不放，然后转动主拨盘🖅，即可调整感光度数值

**操作方法** 尼康数码单反相机设置曝光补偿

按住🔲按钮不放，然后转动主指令拨盘，直至屏幕中出现所需要的曝光补偿数值

↑ 在拍摄高调人像时，利用肩屏设置曝光补偿，非常快速、方便

35mm | f/4.5 | 1/160s | ISO 200

# 1.5 保证足够的电量与存储空间

## 检查电池电量级别

如果要外出进行长时间拍摄，一定要在出发前检查电池电量级别或确定携带了备用电池。在前往寒冷地区拍摄时，电池的电量会下降得很快，这时尤其要注意这个问题。

在光学取景器、液晶显示屏及控制面板中，都有电量显示图标，电量显示图标的状态不同，表示电池的电量也不同。在拍摄时，应随时查看电池电量图标的显示状态，以免因电池电量耗尽而错失拍摄良机。

↑ 佳能相机：液晶显示屏中的电池电量显示图标

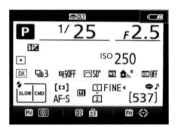

↑ 尼康相机：液晶显示屏中的电池电量显示图标

| 控制面板 | 取景器 | 说　　明 |
|---|---|---|
| 电池图标（满格） | — | 电池电量充足 |
| 电池图标（3格） | — | 电池带有部分电量 |
| 电池图标（2格） | — | |
| 电池图标（1格） | — | |
| 电池图标（低） | 电池图标 | 电池电量过低，需要更换电池或为电池充电 |
| 电池图标（闪烁） | 电池图标（闪烁） | 已无法按下快门按钮拍摄，需要尽快更换电池或为电池充电 |

← 在气温较低的环境中耗电会比较快，因此可将"图像确认"的时间设置得短一些

100mm ┊ f/7.1 ┊ 1/200s ┊ ISO 100

## 检查存储卡剩余空间

检查存储卡剩余空间也是一项很重要的工作，尤其是拍摄鸟儿或体育运动等题材时，通常要采用连拍方式，此时存储卡空间会迅速减少。

数码单反相机会在液晶显示屏及肩屏中显示当前设定下可拍摄的照片数量。

除此之外，所有相机都可以通过光学取景器查看当前存储卡的剩余可拍摄数量。

↑ 佳能相机：液晶显示屏显示拍摄功能界面时，红框中的数字表示目前可拍摄的照片数量

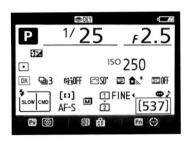

↑ 尼康相机：液晶显示屏上红框中的数字表示目前可拍摄的照片数量

→ 在以连拍的方式抓拍鸟儿时，应特别注意存储卡的剩余空间

400mm ┆ f/6.3 ┆ 1/1250s ┆ ISO 320

# 1.6　文件格式设置成为RAW格式

我们常听摄影高手们讲，存储照片的格式要使用RAW格式，这样方便做后期调整。而观看过RAW格式照片的原片与处理后的效果，也可以有一个直观的感受，原本感觉灰蒙蒙的照片，在经过后期软件处理后，便有了飞跃性的改变，甚至能让人惊呼："这根本就不是同一张照片！"可见RAW格式照片的潜力之大。RAW格式的照片文件是由图像感应器将捕捉到的光源信号转化为数字信号的原始数据。正因如此，在对RAW格式的照片进行后期处理时，才能够随意修改原本由相机内部处理器设置的参数选项，如白平衡、色温、照片风格等。

需要注意的是，RAW格式只是原始照片文件的一个统称，各相机厂商的RAW格式有不同的扩展名，例如，佳能相机拍摄的RAW格式文件的扩展名为.CR2，而尼康相机拍摄的RAW格式文件的扩展名则是.NEF。

↑ 左侧图为使用RAW格式拍摄的原图，右侧图是经过后期调整后的效果，得到了强烈暖调的画面效果

| 35mm | f/11 | 1/128s | ISO 100 |

---

**提示**

如果使用Photoshop无法打开自己拍摄出来的RAW格式照片，则意味着需要更新Camera Raw的版本了。

---

**操作步骤**　佳能数码单反相机设置图像品质

❶ 选择**拍摄菜单1**中的**图像画质**选项

❷ 转动主拨盘选择RAW格式选项，然后按 **SET OK** 确认

**操作步骤**　尼康数码单反相机设置图像品质

❶ 选择**拍摄菜单**中的**图像品质**选项

❷ 按▲或▼方向键选择文件存储的格式及品质

# 1.7 拍摄三部曲1——拍前思考

在数码单反相机时代，摄影师没有了胶片成本的使用压力，拍摄照片的成本基本就是一点点电量和存储空间，因此，在按下快门按钮拍摄前，往往少了深思熟虑，而在事后，却总是懊恼"当时要是那样拍就好了"。

所以，根据自己及教授学员的经验，笔者建议应该在按快门按钮时"三思而后行"。不是出于拍摄成本方面的考虑，而是在拍摄前，建议初学者从相机设置、构图、用光及色彩表现等方面进行综合考量，这样不但可以提高拍摄的成功率，同时也有助于我们养成良好的拍摄习惯，提高自己的拍摄水平。

↑ 快门按钮

以下图所示的仰视楼梯照片为例，笔者总结了一些拍摄前应该着重注意的事项。

→ 以仰视角度拍摄的楼梯照片，通过恰当的构图展现出其漂亮的螺旋状形态

18mm ┊ f/4.5 ┊ 1/60s ┊ ISO 640

## 用什么拍摄模式

根据拍摄对象是静态或动态，可以视情况选择拍摄模式。拍摄静态对象时，可以使用光圈优先模式，以便于控制画面的景深；如果拍摄的是动态对象，则应该使用快门优先模式，并根据对象的运动速度设置恰当的快门速度。而对于手动曝光模式，通常是在环境中的光线较为固定，或对相机操控、曝光控制非常熟练的、有丰富经验的摄影师来使用。

对这张静态的建筑物照片来说，适合用光圈优先模式进行拍摄。由于环境较暗，应注意使用较大的光圈，以保证足够的快门速度。在景深方面，由于使用了较小的广角焦距，因此，即便光圈较大，也能够保证足够的景深。

↑ 模式拨盘

## 用什么测光模式？测光位置在哪里

数码单反相机主要提供了点测光、中央重点测光与评价（矩阵）测光3种模式，可以根据不同的测光需求进行选择。对这张照片来说，要把中间的光源作为照片的焦点来吸引眼球，中间的部分应该是曝光正常的，这时可以选择用中央重点测光或点测光模式，测光点应该在画面中间的位置。

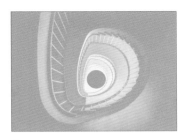

↑ 恰当的测光位置

## 用什么形式的构图

现场圆形楼梯，在仰视角度下，形成自然的螺旋形构图。拍摄时顺其自然采用该构图方式，使画面形成螺旋形状，并通过明暗变化，增加照片的纵深感。

↑ 自然的螺旋形构图

## 光圈、快门速度、感光度应该怎样设定

拍摄时使用了18mm的广角焦距，所以，即使使用f/4.5的光圈值，只要选择合适的对焦位置也能保证楼梯前后都清晰。由于现场光线较暗，为了提高快门速度，适当提高了感光度值，将感光度设定为ISO 640。

↑ 使用广角镜头拍摄时，即便使用较大的光圈值也能得到不错的景深

18mm ┊ f/4.5 ┊ 1/60s ┊ ISO 640

## 希望什么位置是清晰的？对焦点应该在哪里

前面已经说明，在拍摄时使用了偏大的光圈。光圈大会使景深变浅，要使楼梯普遍清晰，可以把对焦点放在第二级的楼梯扶手上，而不是直接对焦在最上方的楼梯上，这样可以确保对焦点前后的楼梯都是清晰的。

↑ 对第二级楼梯进行对焦

## 希望照片是什么色调？白平衡模式用哪种

这张照片的拍摄环境是在室内，天花板是明亮的黄色，而楼梯与墙壁是冷艳的青蓝色，因此可以确定画面的色调是一个冷暖对比色调。在这样的情况下，一般设置为自动白平衡模式，便可以得到很好的色彩还原。

↑ 设置自动白平衡模式

## 希望照片偏暗还是亮？是否要设置曝光补偿

在这张楼梯照片中，虽然有明亮的黄色区域存在，但是其在画面中所占比例比较小，在中央重点测光或点测光模式下，画面中的楼梯与墙壁的画面，是偏向暗色的，为了更好地凸显画面幽静、神秘的氛围，可以设置-0.7～-0.3EV的曝光补偿。

↑ 减少曝光补偿

↑ 适当减少曝光补偿，让画面的色彩更加鲜艳

18mm ┊ f/4.5 ┊ 1/60s ┊ ISO 640

# 1.8 拍摄三部曲2——拍中确保

## 确保相机的稳定性

想拍出一张清晰的照片，首先就要保证相机的稳定性。常用的持机方式是肘部向下顶着身体用手托起镜头，应避免肘部向外倚着，这样手肘是处于架空状态的，会增加不稳定性。在手持使用长焦镜头拍摄时，最好寻找支撑点支撑手肘以降低抖动的幅度，墙壁、柱子、大树等物体都可以用来支撑肘部。跪姿拍摄时，以右膝盖跪地，左肘支在左膝盖上，左手平稳地托住相机和镜头，这个姿势是非常稳的。从低角度拍摄时，可以趴在地上，分开两个胳膊肘，使其像支架一样稳稳地固定在地上。

手持相机拍摄时，一个正确的持机姿势，能够增加身体和相机的稳定性，从而尽可能避免因姿势不协调、不稳定，造成画面变虚、画质下降的问题。

↑ 站姿持机

## 半按快门按钮确保对焦、测光准确

快门按钮的作用，即使是没有系统学习过摄影的爱好者，相信也都知道，但许多摄影初学者在使用数码单反相机拍摄时，并不知道快门按钮的按法，常常是一下用力按到底，这样拍出的照片大多是不清晰的。每一个摄影爱好者都必须知道，在拍摄过程中，半按快门按钮进行对焦和测光是非常重要的一个步骤，在相机的自动对焦模式下，改变构图、焦距、拍摄距离及光圈值的操作后，都需要半按快门按钮对画面进行对焦和测光，使画面主体变得清晰，画面曝光正确，只有实现了准确的对焦和测光，才能得到一张成像清晰、曝光正确的照片——这也是对照片品质的最基本要求。

↑ 将手指放在快门按钮上

↑ 半按快门按钮，此时将对画面中的景物进行自动对焦及测光

↑ 听到"嘀"的一声，即可完全按下快门按钮，进行拍摄

## 移动相机调整构图

在手持相机拍摄时，对画面半按快门按钮对焦和测光后，默认设置下相机便会锁定对焦和曝光，此时如果需要微调构图，可以在保持半按快门按钮的状态下，水平或垂直地平移相机，并透过取景器重新进行构图，满意后完全按下快门按钮即可进行拍摄。

需要注意的是，使用这种方法调整构图，对使用小光圈拍摄的情况比较适用，大光圈拍摄时则极容易跑焦，并且在移动相机时，也只能在保持平行线的状态移动，切不可改变焦距或前后移动相机。

↑ 对着荷花对焦后，保持半按快门按钮状态，向左平移进行构图，然后按下快门按钮拍摄，得到了这张黄金分割法构图的照片

300mm | f/5 | 1/500s | ISO 160

## 全按快门按钮完成拍摄

虽然半按快门按钮及全按快门按钮看起来是没有什么技术含量的操作，但是，还是会有些摄影初学者没能掌握正确的按快门按钮动作。有些摄影初学者可能自己都没有发觉到，在按下快门按钮时，手指会用上很大的力气，或者是握相机的双手带着相机向下晃了一下，这样不正确的方式，拍摄出来的画面模糊概率很大。

有经验的摄影师在拍摄时，不管是使用高速快门还是低速快门，拍前都会深呼吸。调整呼吸的节奏，使呼吸变缓，减少身体的晃动，在半按快门按钮及按下快门按钮拍摄时更是屏住呼吸，以保证画面的清晰度。

→ 拍摄前调整呼吸，轻轻地按下快门按钮拍摄，得到清晰的人像照片

85mm | f/2.8 | 1/160s | ISO 400

## 1.9 拍摄三部曲3——拍后确认

### 检查照片的直方图

每一款相机都有大小不等、总像素量不同的显示屏，用于浏览照片、设置参数。虽然使用显示屏能够较好地浏览照片，但受到显示性能、亮度等方面的限制，仍然无法真实再现照片的曝光情况。

这也正是很多摄影爱好者在相机及计算机显示器上观看同一照片时，会发现有一定甚至较大差异的原因。因此，要准确地观察曝光结果，不能依靠观察显示屏，而要利用更科学的判断依据，即直方图。直方图是摄影师评价照片曝光是否正确的重要依据。

**操作方法** 佳能数码单反相机查看直方图

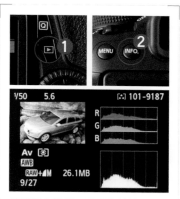

按下播放按钮，然后连续按INFO.按钮切换显示，直至显示直方图界面

**操作方法** 尼康数码单反相机设查看直方图

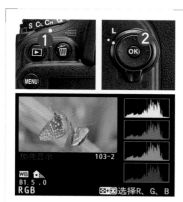

按下播放按钮，然后按多重选择器上的▲或▼方向键切换至概览或RGB直方图界面，即可查看照片的直方图

◄ 直方图呈现出如山峰一样的形态，且主峰位于中间调的区域，因此照片中应不存在死黑或死白的区域，说明此照片曝光正常

60mm ┊ f/5.6 ┊ 1/250s ┊ ISO 200

直方图的横轴表示亮度等级（从左至右分别对应黑与白），纵轴表示图像中各种亮度像素数量的多少，峰值越高则表示这个亮度的像素数量越多。

所以，拍摄者可通过观看直方图的显示状态来判断照片的曝光情况，若出现曝光不足或曝光过度，调整曝光参数后再进行拍摄，即可获得一张曝光准确的照片。

当曝光过度时，照片上会出现死白的区域，画面中的很多细节都丢失了。反映在直方图上就是像素主要集中于横轴的右端（最亮处），并出现像素溢出现象，即高光溢出，而左侧较暗的区域则无像素分布，故该照片在后期无法补救。

当曝光不足时，照片上会出现无细节的死黑区域，画面中丢失了过多的暗部细节，反映在直方图上就是像素主要集中于横轴的左端（最暗处），并出现像素溢出现象，即暗部溢出，而右侧较亮区域少有像素分布，故该照片在后期也无法补救。

当曝光准确时，照片影调较为均匀，且高光、暗部或阴影处均无细节丢失，反映在直方图上就是在整个横轴上从最黑的左端到最白的右端都有像素分布，后期可调整余地较大。

↑ 直方图右侧溢出，代表画面中高光处曝光过度

↑ 直方图线条偏左且溢出，代表画面曝光不足

➜ 曝光正常的直方图，画面明暗适中，色调分布均匀

## 检查照片的焦点

不管是佳能还是尼康相机，都提供有检测对焦点的功能，通过检查照片的焦点，能够直观判断出相机有没有跑焦，拍摄时有没有什么误操作，导致照片的焦点位置发生了偏移。

只要在佳能相机的菜单中，将"显示自动对焦"选项设置为"启用"，或者在尼康相机的"播放显示选项"中，勾选了"对焦点"选项，那么在回放照片时，照片中的自动对焦点将以红色的形式显示，这时如果发现焦点不准确可以重新拍摄。

**操作步骤** 佳能数码单反相机设置 显示自动对焦点

❶ 选择**回放菜单3**中的"**显示自动对焦点**"选项

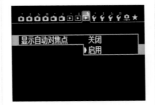

❷ 按▲或▼方向键选择**启用**选项，然后按SET按钮确认

**操作步骤** 尼康数码单反相机设置 播放显示选项

❶ 选择**播放菜单**中的"**播放显示选项**"选项

❷ 按▲或▼方向键选择**对焦点**选项，按▶方向键添加勾选标记

↑ 回放照片时将显示对焦点

→ 通过查看对焦点的位置，来确认是否达到要求

| 35mm | f/8 | 1/320s | ISO 100 |

## 对照片进行后期处理

不管是专业摄影师，还是摄影爱好者，都会或多或少地对拍摄的照片做后期处理。这也正是数码摄影的优势之一。使用后期处理软件，可以很方便地通过裁剪改变构图，校正水平线，并且可以在不损失画质的情况下，调整画面的曝光量，修复高光与阴影的曝光，修正暗角与失真、降噪、对于白平衡、照片风格、饱和度等色彩选项，也可以一键式修改。因此，许多前期拍摄时的不足之处，可以通过后期处理来进行弥补，这也从一个侧面证明掌握后期操作是非常重要的。

第 2 章

用好曝光组合是成功的一半

# 2.1 从自动挡开始也无妨

对于摄影初学者来说，还不能娴熟地调整曝光参数，可以先学习构图、按快门按钮的技巧。对于构图、按快门按钮而言，用什么样的拍摄模式并不重要，因此，可以从自动挡开始进行练习。在使用全自动模式拍摄时，全部参数均由相机自动设定，简化了拍摄过程，降低了拍摄难度。

佳能相机提供了3种全自动模式，即场景智能自动模式、闪光灯关闭模式及创意自动模式。尼康相机提供了2种全自动模式，即全自动模式和禁止使用闪光灯模式。

直接转动模式转盘（中、高端相机为按住模式转盘解锁按钮并转动模式转盘）可选择所需的模式图标。

## 场景智能自动曝光模式 / 全自动模式

场景智能自动曝光模式在佳能相机的模式转盘上显示为。全自动模式在尼康相机的模式转盘上显示为。

采用场景智能自动曝光 / 全自动模式拍摄时，相机将自动分析场景并设定最佳拍摄参数。

↑ 佳能相机：场景智能自动曝光模式图标

| 适合拍摄 | 所有拍摄场景 |
|---|---|
| 优　点 | 在光线充足的情况下，可以拍摄出效果不错的照片。在半按快门按钮对静止的主体进行对焦时，可以锁定焦点，保持半按快门按钮平移相机重新构图后再进行拍摄；即使对于移动的主体，相机也会自动连续对主体对焦 |
| 特别注意 | 在此模式下，拍摄者不能根据自己的拍摄要求来设置相机的参数，快门速度、光圈等参数全部由相机自动设定，拍摄者无法主动控制成像效果 |

↑ 尼康相机：全自动模式图标

## 闪光灯关闭曝光模式

在一些特殊的场合或对一些特殊的对象进行拍摄时，不能开启闪光灯，例如在某些博物馆中拍摄时，所以应选择闪光灯禁用曝光模式。这种拍摄模式在佳能相机的模式转盘上显示为，在尼康相机的模式转盘上显示为。

↑ 佳能相机：闪光灯关闭曝光模式图标

| 适合拍摄 | 所有现场光中的对象 |
|---|---|
| 优　点 | 除关闭闪光灯外，其他方面与全自动模式完全相同 |
| 特别注意 | 如果需要使用闪光灯，一定要切换至其他支持此功能的模式 |

↑ 尼康相机：禁止使用闪光灯模式图标

## 2.2　使用场景模式针对不同环境进行快拍

　　在日常拍摄中，每次拍摄的场景可能都是不同的。虽然自动挡模式是一种智能化的拍摄，但也不是在所有的拍摄场景中都能取得好的拍摄效果。此时，可以使用场景模式来拍摄。

　　在场景模式下，可以根据所拍摄的场景，选择相应的场景模式，相机会针对该场景进行优化处理，因而可以得到更好的拍摄效果。如拍摄人像时，就可以选择人像模式。在人像模式下，所拍摄出来的人物皮肤会更显白皙。

　　佳能相机的场景模式和创意智能自动模式一样，也可以让拍摄者根据拍摄题材和意图，调节照片的氛围效果、闪光灯闪光、驱动模式、照明效果等设置，根据不同的场景模式，可选择的选项也会有所不同。

**操作方法** 佳能数码单反相机设置拍摄模式

将模式转盘转到 SCN 位置，按回按钮显示速控屏幕，使用◀、▶、▲、▼方向键选择拍摄模式图标，然后转动主拨盘✺或速控转盘◯选择相应的场景模式即可

**操作方法** 尼康数码单反相机设置拍摄模式

将拍摄模式拨盘转至 SCENE 并按 info 按钮即可查看当前所选的场景模式，转动主指令拨盘则可以选择其他的场景模式

↑ 使用人像场景模式拍摄的照片，并选择了温馨效果，画面色调偏暖色

50mm ┊ f/2.8 ┊ 1/250s ┊ ISO 100

## 人像模式

人像模式在佳能相机上显示为🐾，在尼康相机上显示为🧍。

使用此场景模式拍摄时，相机将在当前最大光圈的基础上进行一定的收缩，以保证获得较高的成像质量，并使人物的脸部更加柔美，背景呈漂亮的虚化效果。按住快门按钮不放即可进行连拍，以保证在拍摄运动中的人像时，也可以成功地拍下运动的瞬间。在开启闪光灯的情况下，使用此场景模式无法进行连拍。

| 适合拍摄 | 人像及希望虚化背景的对象 |
|---|---|
| 优　　点 | 能拍摄出层次丰富、肤色柔滑的人像照片，且能够尽量虚化背景，以便突出主体 |
| 特别注意 | 当拍摄风景中的人物时，色彩可能较柔和 |

↑ 85mm ┊ f/1.4 ┊ 1/2000s ┊ ISO 100

## 风景模式

风景模式在佳能相机上显示为🏔️，在尼康相机上显示为🏞️。

使用风景模式可以在白天拍摄出色彩艳丽的风景照片，为了保证获得足够的景深，在拍摄时相机会自动缩小光圈。

| 适合拍摄 | 景深较大的风景、建筑等 |
|---|---|
| 优　　点 | 色彩鲜明，锐度较高 |
| 特别注意 | 即使在光线不足的情况下，闪光灯也一直保持关闭状态 |

↑ 28mm ┊ f/16 ┊ 1s ┊ ISO 100

## 运动模式

运动模式在佳能相机上显示为✖，在尼康相机上显示为✖。

使用此场景模式拍摄时，相机将使用高速快门以确保拍摄的动态对象能够清晰成像，该场景模式特别适合凝固运动对象的瞬间动作。为了保证精准对焦，相机会默认采用人工智能伺服自动对焦模式，对焦点会自动跟踪运动的主体。

| 适合拍摄 | 运动对象 |
|---|---|
| 优　　点 | 除关闭闪光灯外，其他方面与全自动模式完全相同 |
| 特别注意 | 当光线不足时会自动提高感光度数值，画面可能会出现较明显的噪点；如果必须使用慢速快门，则应该选择其他曝光模式进行拍摄 |

↑ 300mm ┊ f/2.8 ┊ 1/640s ┊ ISO 1000

## 微距模式

微距模式在佳能相机上显示为✿，在尼康相机上显示为✿。

微距模式适合搭配微距镜头拍摄花卉、静物、昆虫等微小物体。

要注意的是，如果使用外置闪光灯搭配微距镜头进行拍摄，可能会由于镜头前的遮挡，导致部分画面无法被照亮，因此，需要使用专用的环形或双头闪光灯。

| 适合拍摄 | 微小主体，如花卉、昆虫等 |
|---|---|
| 优　　点 | 方便进行微距摄影，色彩和锐度较高 |
| 特别注意 | 如果安装的是非微距镜头，那么无论如何也不可能进行细致入微的拍摄 |

↑ 90mm ┊ f/5 ┊ 1/100s ┊ ISO 125

## 夜景人像模式

夜景人像模式在佳能相机上显示为 ◙ ，在尼康相机上显示为 ◙ 。

虽然名为夜景人像模式，但实际上，只要是在光线比较暗的情况下拍摄人像，都可以使用此场景模式。选择此场景模式后，相机会自动提高感光度数值，并降低快门速度，以使人像与背景均得到充足的曝光。

| 适合拍摄 | 夜间人像、室内现场光人像等 |
|---|---|
| 优 点 | 背景也能获得足够的曝光 |
| 特别注意 | 依据环境光线的不同，快门速度可能会很低，因此，建议用三脚架保持相机的稳定 |

50mm ┊ f/8 ┊ 1/160s ┊ ISO 100

## 手持夜景模式

手持夜景模式为佳能相机的特色场景模式，其在相机上显示为 ◙ 。手持夜景模式用于以手持相机的方式拍摄夜景，此时相机会自动选择较高的快门速度，连续拍摄4张照片，并在相机内部合成为一张照片。在照片被合成时，相机会对照片的错位和拍摄时的抖动进行补偿，最终得到低噪点、高画质的夜景照片。

尽管此功能所使用的技术比较成熟，但在拍摄时摄影师也应该稳固地握持相机。如果因为相机抖动等原因导致4张照片中的

24mm ┊ f/4 ┊ 1/20s ┊ ISO 1250

任何一张出现较大的错位，最终合成的照片可能无法正确对齐。

## HDR逆光控制模式

HDR逆光控制模式是佳能相机的特色场景模式，其在相机上显示为 ◙ 。使用HDR逆光控制模式，可以较好地表现较亮与较暗区域的细节，从而使画面的信息量更大，细节更丰富。其工作原理是，连续拍摄3张照片，分别是曝光不足、标准曝光、曝光过度的效果，相机自动将这3张照片合并成为一张具有丰富细节的照片，以同时在画面中表现较亮区域与较暗区域的细节。

# 2.3 控制背景虚化用 Av/A（光圈优先）挡

许多刚开始学习摄影的爱好者，提出的第一个问题就是如何拍摄出人像清晰、背景模糊的照片。其实这种效果，使用光圈优先模式便可以拍摄出来。

在光圈优先曝光模式下，相机会根据当前设置的光圈大小自动计算出合适的快门速度。使用光圈优先曝光模式可以控制画面的景深。在同样的拍摄距离下，光圈越大，则景深越小，即画面中的前景、背景的虚化效果就越好。例如，如果是拍虚化背景的人像照片，则可以将光圈设置为 f/1.8、f/2 或 f/2.8 等大光圈。

反之，光圈越小，则景深越大，即画面中的前景、背景的清晰度就越高。例如，拍摄城市建筑、风光照片，则可以将光圈设置为 f/8、f/11、f/13 等小光圈，这样画面的前后景物都会得以清晰呈现。

总结成口诀就是"大光圈景浅，完美虚背景；小光圈景深，远近都看清"。

**操作方法** 佳能数码单反相机设置光圈优先

将模式转盘转至 Av，向右转动主拨盘 🔄 可设置更高的 f 值（更小的光圈），向左转动主拨盘可设置更低的 f 值（更大的光圈）

**操作方法** 尼康数码单反相机设置光圈优先

将模式转盘转至 A，在此模式下，可通过旋转副指令拨盘调整光圈值。对于入门型相机而言，则可转动指令拨盘调整光圈值

⬆ 使用小光圈拍摄的自然风光，画面有足够大的景深，前后景物都清晰

24mm ┆ f/14 ┆ 1/15s ┆ ISO 100

## 2.4　定格瞬间动作用Tv/S（快门优先）挡

足球场上的精彩瞬间、飞翔在空中的鸟儿、海浪拍岸所溅起的水花等场景都需要使用高速快门抓拍，而在拍摄这样的题材时，摄影爱好者应首先想到使用快门优先模式。

在快门优先模式下，可以转动主拨盘（或主指令拨盘）从1/8000s～30s（APS-C画幅相机为1/4000s～30s）选择所需快门速度，然后相机会自动计算光圈的大小，以获得正确的曝光组合。

初学者可以念口诀"快门凝瞬间，慢门显动感"，即设定较高的快门速度可以凝固动作或移动的主体。例如，拍摄飞翔在空中的鸟儿、奔腾而下的瀑布，可以将快门速度设置为1/500s、1/1000s或更高，这样画面就能定格住瞬间精彩。

而设定较低的快门速度可以形成模糊效果，从而产生动感。例如，拍摄丝滑的溪水，可以将快门速度设置为1s～5s，这样流速很快的水流会在画面中形成丝线状或牛奶般的效果。又如，拍摄城市傍晚行驶的车辆，将快门速度设置为8s～20s，就可以使行驶中车辆的尾灯在画面中形成一条条红色或黄色的线条，营造出动感光轨效果。

**操作方法** 佳能数码单反相机设置快门优先

将模式转盘转至Tv，向右转动主拨盘 🔘 可设置较高的快门速度，向左转动可设置较低的快门速度

**操作方法** 尼康数码单反相机设置快门优先

在S挡快门优先曝光模式下，可通过旋转主指令拨盘调整快门速度值。对于入门型相机而言，则可转动指令拨盘调整快门速度值

⬆ 使用快门优先曝光模式并设置低速快门拍摄，使海浪呈现为丝线效果

18mm ┊ f/10 ┊ 1/2s ┊ ISO100

# 2.5  匆忙抓拍用P（程序自动）挡

在拍摄街头抓拍、纪实或新闻等题材时，最适合使用P挡程序自动模式。此模式的最大优点是操作简单、快捷，适合拍摄快照或不用十分注重曝光控制的场景。

在此拍摄模式下，相机基于一套算法来确定光圈与快门速度组合。通常，相机会自动选择一种适合手持拍摄并且不受相机抖动影响的快门速度，同时还会调整光圈以得到合适的景深，以确保所有景物都能清晰呈现。除了光圈与快门速度是相机自动组合外，摄影师可以设置ISO感光度、白平衡、曝光补偿等其他参数。

在使用P模式拍摄时，半按快门按钮激活测光，以得出曝光组合。如果相机自动选择的曝光设置不是最佳组合，例如，摄影师可能认为按此快门速度手持拍摄不够稳定，或者希望用更大的光圈，此时可以利用程序偏移功能进行调整，即转动主拨盘（主指令拨盘）切换显示所需要的快门速度或光圈的数值。虽然光圈与快门速度数值发生了变化，但这些数值组合在一起仍然能够获得同样的曝光量。

**操作方法** 佳能数码单反相机设置程序自动模式

在程序自动曝光模式下，摄影师可以通过转动主拨盘来选择快门速度和光圈的不同组合

**操作方法** 尼康数码单反相机设置程序自动模式

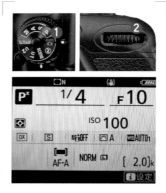

在P挡程序自动曝光模式下，曝光测光开启时，通过旋转主指令拨盘可选择快门速度和光圈的不同组合。对于入门型相机而言，则转动指令拨盘调整曝光组合

↑ 使用程序自动曝光模式可方便地进行抓拍

125mm | f/4 | 1/500s | ISO 100

# 2.6　自由控制曝光用M（全手动）挡

## 全手动曝光模式的优点

　　摄影初学者问得最多的问题是："P、Av、Tv、M这4种模式，哪种模式好用，比较容易上手？"而摄影大师们往往推荐M模式，其实这4种模式并没有好用与不好用之分，只不过P、Av、Tv这3种模式，都是由相机控制部分曝光参数，摄影师可以手动设置其他一些参数，而在全手动曝光模式下，所有的曝光参数都可以由摄影师手动进行设置，因而比较符合摄影大师们的习惯。对于摄影初学者来说，通过练习M模式，有助于了解光圈、快门速度和感光度之间的关系。除此之外，使用M模式拍摄还具有以下优点。

　　首先，使用M挡全手动曝光模式拍摄时，当拍摄者设置好恰当的光圈、快门速度数值后，即使移动镜头进行再次构图，光圈与快门速度的数值也不会发生变化。

　　其次，使用其他曝光模式拍摄时，往往需要根据场景的亮度，在测光后进行曝光补偿操作；而在M挡全手动曝光模式下，由于光圈与快门速度值都是由拍摄者设定的，因此，设定的同时就可以将曝光补偿考虑在内，从而省略了曝光补偿的设置过程。因此，在全手动曝光模式下，摄影师可以按自己的想法让影像曝光不足，以使照片显得较暗，给人忧伤的感觉；或者让影像稍微曝光过度，拍摄出明快的高调照片。

　　另外，当在摄影棚拍摄并使用了频闪灯或外置非专用闪光灯时，由于无法使用相机的测光系统，而需要使用测光表或通过手动计算来确定正确的曝光值，此时就需要手动设置光圈和快门速度，从而获得正确的曝光。

**操作方法** 佳能数码单反相机设置全手动挡

在全手动曝光模式下，转动主拨盘可以调整快门速度值，转动速控转盘可以调整光圈值

**操作方法** 尼康数码单反相机设置全手动挡

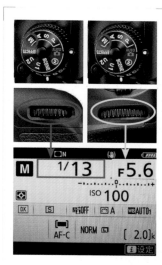

在M挡全手动曝光模式下，旋转主指令拨盘可调整快门速度值；旋转副指令拨盘可调整光圈值

## 判断曝光状况的方法

在使用M模式拍摄时，为避免出现曝光不足或曝光过度的问题，数码单反相机提供了提醒功能。即在曝光不足或曝光过度时，可通过观察液晶监视器和取景器中的曝光量指示标尺的情况来判断是否需要修改当前的曝光参数组合，以及应该如何修改当前的曝光参数组合。

判断的依据就是当前曝光量标志游标的位置。当其位于标准曝光量标志的位置时，就能获得相对准确的曝光。可以通过改变光圈或快门速度，来左右移动当前曝光量标志。

需要特别指出的是，如果希望拍出曝光不足的低调照片或曝光过度的高调照片，则需要通过调整光圈与快门速度，使当前曝光量游标处于正常曝光量标志的左侧或右侧。标志越向−侧偏移，曝光不足程度越高；反之，如果当前曝光量标志向＋侧偏移，则当前照片处于曝光过度状态，且标志向＋侧偏移越多，曝光过度程度就越高。

当前曝光量标志　　　　　标准曝光量标志

↑ 使用M挡拍摄的风景照片，拍摄时不用考虑曝光补偿，也不用考虑曝光锁定。当曝光量标志位于标准曝光量标志的位置时，能获得相对准确的曝光

↑ 当前曝光标志在标准曝光的左侧两个小点处，表示当前画面曝光不足0.7挡，画面较为灰暗

↑ 当前曝光标志在标准曝光位置处，表示当前画面曝光标准，画面明暗均匀

↑ 当前曝光标志在标准曝光的右侧两个小点处，表示当前画面曝光过度0.7挡，画面较为明亮

# 2.7 拍出光线轨迹用B门

摄影初学者在看到朵朵绽开的烟花、乌云下的闪电等照片时，都想拍一拍；而当真正拍摄时，可能出现只抓拍到一朵烟花或者闪电太快了没拍到的情况，顿时倍感失落。这通常是因为没有使用正确的曝光模式，对于光绘、车流、天体、焰火等这种需要长时间曝光并手动控制曝光时间的题材，其他模式都不适合，应该用B门曝光模式拍摄。

在B门曝光模式下，完全按下快门按钮将使快门一直处于打开状态，直到松开快门按钮时快门被关闭，完成整个曝光过程，因此，曝光时间取决于快门按钮被按下与被释放之间的时间长短。在拍摄上述题材时，可以使用快门线锁定快门，保持快门始终处于开启的状态。

需要注意的是，使用B门曝光模式拍摄时，为了避免所拍摄的照片模糊，应该使用三脚架及遥控快门线辅助拍摄；若不具备条件，至少也要将相机放置在平稳的地面上。

⬆ 利用B门曝光模式，通过20s的长时间曝光，得到了个性的光绘画面

35mm｜f/9｜20s｜ISO 400

**操作方法** 佳能数码单反相机设置B门模式

佳能相机模式转盘上有B图标的，可以将模式转盘转至B，即为B门曝光模式，然后转动主拨盘📷或速控转盘⭕可以设置光圈值。如果模式转盘上没有B图标的相机，则需要将模式转盘转至M，然后转动主拨盘将快门速度调至BULB，即为B门模式，此时可以按住光圈/曝光补偿按钮Av⊠，然后转动主拨盘来调整光圈值

**操作方法** 尼康数码单反相机设置B门模式

在M挡全手动曝光模式下，通过旋转主指令拨盘或指令拨盘将快门速度调至Bulb，即为B门模式

第3章

不可不懂的曝光三要素

# 3.1 从一张照片看曝光三要素的重要性

一张照片是否曝光正常，主体的动作是否清晰或有动感，画面景深是大还是小，都是受光圈、快门速度、感光度3个因素的影响。在改变这些因素时，除了会对画面的曝光产生影响外，同时也会对画面的景深、动静和画质产生影响。

下面以右侧的照片为例，直观地说明曝光三要素对画面的影响，使摄影爱好者了解这三要素在拍摄时的重要性。

虽然示例的照片看起来就是一张简单的跳跃人像照片，但实际上，在拍摄前，摄影师是需要精确地设置光圈、快门速度和感光度值的。

首先，画面的背景比较虚化，即景深较小。光圈是控制景深的因素之一，为了得到较为虚化的背景，而人物主体又清晰，因而设置了较大的光圈值。

其次，画面中的人物主体呈现为跳跃在空中的状态，那么就需要使用较高的快门速度来定格瞬间。

最后，通过照片的环境可以看出，拍摄地点是一条处于散射光下的过道，因两旁树木的遮挡，光线比较弱，而为了使快门速度处于较高的值，因此适当地提高了感光度值，但这也会造成画质有一定的下降，阴影处会出现细微的噪点。

将光圈值设置为f/3.5，可以保证背景虚化，同时也不会因景深过小而使人物跑焦

将快门速度设置为1/640s，可以将人物跳跃的动作定格

将感光度值设置为ISO 400，可以确保此曝光组合能够使画面曝光正常

50mm ┊ f/3.5 ┊ 1/640s ┊ ISO 400

## 3.2　光圈——控制光线进入量

### 认识光圈及表现形式

　　摄影初学者经常听到大光圈、小光圈、调光圈值之类的词，那么什么是光圈？什么是大光圈？什么又是小光圈？

　　光圈其实就是相机镜头内部的一个组件，它由许多片金属薄片组成，金属薄片可以活动，通过改变它的开启程度可以控制进入镜头光线的多少。光圈开启越大，通光量就越多；光圈开启越小，通光量就越少。

↑ 从镜头的底部可以看到镜头内部的光圈金属薄片

| 认识光圈 | |
| --- | --- |
| 光圈表示方法 | 用字母F或f/表示，如F8（或f//8） |
| 常见的光圈值 | f/1.4、f/2、f/2.8、f/4、f/5.6、f/8、f/11、f/16、f/22、f/32、f/36 |
| 变化规律 | 光圈值每递进一挡，光圈口径就不断缩小，通光量也逐挡减半。例如，f/5.6光圈的进光量是f/8的两倍 |

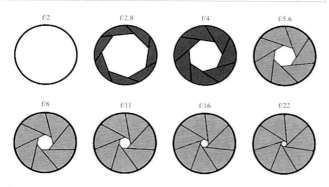

↑ 不同光圈值下镜头通光口径的变化

　　通常我们所见到的光圈还包括f/1.2、f/2.2、f/2.5、f/6.3等数值，不包含在光圈正级数之内，这是因为各镜头厂商后来又在每级光圈之间插入了1/2挡和1/3挡变化的副级数光圈，以便更加精确地控制曝光程度，使画面的曝光更加准确。

| 光圈级数变化对照表 | |
| --- | --- |
| 1级 | f/1.4、f/2、f/2.8、f/4、f/5.6、f/8、f/11、f/16…… |
| 1/2级 | f/1.4、f/1.8、f/2、f/2.4、f/2.8、f/3.3、f/4.8、f/5.6、f/6.7、f/8、f/9.5、f/11、f/13、f/16、f/19…… |
| 1/3级 | f/1.4、f/1.6、f/1.8、f/2、f/2.2、f/2.8、f/3.2、f/3.5、f/4、f/4.5、f/5、f/5.6、f/6.3、f/7.1、f/8、f/9、f/10、f/11、f/13、f/14、f/16、f/18、f/20…… |

**操作方法** 佳能数码单反相机设置光圈

　　在使用M挡拍摄时，转动速控转盘◯来调整光圈；在使用Av挡拍摄时，可旋转主拨盘✺来调整光圈

**操作方法** 尼康数码单反相机设置光圈

　　在光圈优先模式或全手动模式下，转动副指令拨盘可选择不同的光圈值

## 光圈对曝光的影响

在日常拍摄时，一般最先调整的曝光参数都是光圈值，在其他参数不变的情况下，光圈增大一挡，则曝光量提高一倍。例如，光圈从 f/4 增大至 f/2.8，即可增加一倍的曝光量；反之，光圈减小一挡，则曝光量也随之降低一半。

换句话说，光圈开启越大，通光量就越多，所拍摄出来的照片也越明亮；光圈开启越小，通光量就越少，所拍摄出来的照片也越暗淡。

35mm ┊ f/3.2 ┊ 1/10s ┊ ISO 640

35mm ┊ f/3.5 ┊ 1/10s ┊ ISO 640

35mm ┊ f/4 ┊ 1/10s ┊ ISO 640

35mm ┊ f/4.5 ┊ 1/10s ┊ ISO 640

35mm ┊ f/5 ┊ 1/10s ┊ ISO 640

35mm ┊ f/5.6 ┊ 1/10s ┊ ISO 640

从上面这组照片中可以看出，当光圈从 f/3.2 逐级缩小至 f/5.6 时，由于通光量逐渐减少，因此，拍摄出来的照片也逐渐变暗。

## 光圈对景深的影响

光圈是控制景深（简单来说就是背景虚化程度）的重要因素。即在其他条件不变的情况下，光圈越大，景深就越小；反之，光圈越小，景深就越大。在拍摄时，想通过控制景深来使自己的作品更有艺术效果，就要合理使用大光圈和小光圈。

通过调整光圈数值的大小，可以拍摄不同的对象或表现不同的主题。例如，大光圈主要用于人像摄影、微距摄影，通过模糊背景来有效地突出主体；小光圈主要用于风景摄影、建筑摄影、纪实摄影等，大景深让画面中的所有景物都能清晰再现。

下面是一组在焦距为105mm、感光度为ISO 100的特定参数下，只改变光圈值拍摄的照片。

从这一组照片中可以看出，当光圈从f/22逐渐增大到f/4时，画面的景深逐渐变小，使用的光圈越大，所拍出画面背景处的花朵就越模糊。

 f/22 ┊ 1/200s

f/14 ┊ 1/320s

f/4 ┊ 1/640s

## 3.3　快门速度——控制快门开启时长

### 快门与快门速度的含义

　　快门是相机中控制光线进入相机的一种装置。当快门开始开启时，曝光开始，光线通过镜头到达相机的感光元件，形成图像；当快门关闭时，曝光结束。

　　欣赏摄影师的作品时，可以看到如飞翔的鸟儿、跳跃在空中的人物、车流的轨迹、丝一般的流水这类画面，这些具有动感的场景都是控制快门速度的结果。

　　那么什么是快门速度呢？简单地说，在按动快门按钮时，从快门打开到关闭所用的时间就是快门速度，这段时间实际上也就是电子感光元件的曝光时间。

　　所以，快门速度决定了曝光时间的长短，快门速度越高，则曝光时间就越短，曝光量也越低；快门速度越低，则曝光时间就越长，曝光量也越高。

　　右侧截图分别展示了使用佳能与尼康相机时，控制快门速度的方法。

↑ 幕帘快门组件示意图

**操作方法** 佳能数码单反相机设置快门速度

使用M挡或Tv挡拍摄时，直接向左或向右转动主拨盘🔄，即可调整快门速度的数值

**操作方法** 尼康数码单反相机设置快门速度

快门优先和全手动模式下，转动主指令拨盘即可选择不同的快门速度值

↑ 利用长时间曝光记录下了夜间摩天轮上灯光的轨迹，在深蓝色夜空的衬托下看起来非常绚丽

23mm ┊ f/5.6 ┊ 10s ┊ ISO 100

## 快门速度的表示方法

快门速度以s（秒）为单位。低端入门级数码单反相机的快门速度范围通常为1/4000s～30s，而中、高端数码单反相机，如尼康D7200、尼康D810的最高快门速度可达1/8000s，已经可以满足几乎所有题材的拍摄要求。

| 分　类 | 常见快门速度 | 适 用 范 围 |
|---|---|---|
| 低速快门 | 30s、15s、8s、4s、2s、1s | 在拍摄夕阳、日落后以及天空仅有少量微光的日出前后时，都可以使用光圈优先曝光模式或手动曝光模式进行拍摄，很多优秀的夕阳作品都诞生于这个曝光区间。使用1s～5s的快门速度，也能够将瀑布或溪流拍摄出如同棉絮一般的梦幻效果，10s～30s的快门速度可以用于拍摄光绘、车流、银河等题材 |
| | 1s、1/2s | 适合在昏暗的光线下，使用较小的光圈获得足够的景深，通常用于拍摄稳定的对象，如建筑、城市夜景等 |
| | 1/4s、1/8s、1/15s | 1/4s的快门速度可以作为拍摄城市夜景人像时的最低快门速度。该快门速度区间也适合拍摄一些光线较强的夜景，如明亮的步行街和光线较好的室内 |
| 中速快门 | 1/30s | 在使用标准镜头或广角镜头拍摄时，该快门速度可以视为最慢的快门速度，但在使用标准镜头时，对手持相机的稳定性有较高的要求 |
| | 1/60s | 对于标准镜头而言，该快门速度可以保证进行各种场合的拍摄 |
| | 1/125s | 这一挡快门速度非常适合在户外阳光明媚时使用，同时也能够拍摄运动幅度较小的物体，如走动中的人 |
| | 1/250s | 适合拍摄中等运动速度的拍摄对象，如游泳运动员、跑步中的人或棒球活动等 |
| 高速快门 | 1/500s | 该快门速度已经可以抓拍一些运动速度较快的对象，如行驶的汽车、跑动中的运动员、奔跑中的马等 |
| | 1/1000s、1/2000s、1/4000s、1/8000s | 该快门速度区间已经可以用于拍摄一些极速运动的对象，如赛车、飞机、足球比赛、飞鸟以及瀑布飞溅出的水花等 |

➔ 使用慢速快门拍摄，得到了车灯形成轨迹的画面

35mm ┊ f/11 ┊ 10s ┊ ISO 100

## 快门速度对画面动感的影响

快门速度不仅影响进光量，还会影响画面的动感效果。表现静止的景物时，快门速度的快慢对画面不会有什么影响，除非摄影师在拍摄时有意摆动镜头，但在表现动态的景物时，不同的快门速度就能够营造出不一样的画面效果。

右侧示例照片是在焦距、感光度都不变的情况下，分别将快门速度逐步调快所拍摄的。

对比右侧这一组照片，可以看到，当快门速度较快时，水流被定格成为清晰的水珠；但当快门速度逐渐降低时，水流在画面中渐渐变为拉长的运动线条。

由上述可知，如果希望在画面中凝固运动对象的精彩瞬间，应该使用高速快门。拍摄对象的运动速度越高，采用的快门速度也要越快，以便在画面中凝固运动对象的动作，形成一种时间静止的效果。

如果希望在画面中表现运动对象的动态模糊效果，可以使用低速快门按此方法拍摄流水、夜间的车灯轨迹、风中摇摆的植物、"流动"的人群等，均能够得到画面效果流畅、生动的照片。

↑ 70mm ┊ f/8 ┊ 1/2s ┊ ISO 50　　↑ 70mm ┊ f/8 ┊ 1/3s ┊ ISO 50　　↑ 70mm ┊ f/8 ┊ 1/6s ┊ ISO 50

↑ 70mm ┊ f/8 ┊ 1/8s ┊ ISO 50　　↑ 70mm ┊ f/8 ┊ 1/16s ┊ ISO 50　　↑ 70mm ┊ f/8 ┊ 1/21s ┊ ISO 50

↑ 70mm ┊ f/8 ┊ 1/32s ┊ ISO 50　　↑ 70mm ┊ f/8 ┊ 1/64s ┊ ISO 50

## 快门速度对曝光的影响

如前面所述，快门速度的快慢决定了曝光量的多少。具体而言，在其他条件不变的情况下，每一倍的快门速度变化，会导致一倍曝光量的变化。例如，当快门速度由1/125s变为1/60s时，由于快门速度慢了一半，曝光时间增加了一倍，因此总的曝光量也随之增加了一倍。

通过这组照片可以看出，在其他曝光参数不变的情况下，当快门速度逐渐变慢时，由于曝光时间变长，因此拍摄出来的照片也逐渐变亮。

# 开启"长时间曝光降噪"保证画质

在拍摄时,曝光时间的长短与噪点的数量是成正比关系的。换言之,曝光时间越长,照片上的噪点越多,这也是为什么在拍摄夜景时,多数不懂降噪操作的爱好者拍摄的照片噪点比较多。

如果要减少长时间曝光时画面中出现的噪点,可以启用"长时间曝光降噪"功能。

开启"长时间曝光降噪"(部分机型叫"长时间曝光噪点消减")功能时,相机会自动对快门速度低于1s(机型不同设置的时间也不同)时所拍摄的照片进行降噪处理,处理所需时长约等于拍摄时的曝光时间。

需要注意的是,在处理过程中,取景器内的 **Job nr** 字样将会闪烁且无法拍摄照片(若处理完毕前关闭相机,则照片会被保存,但由于相机未完成降噪处理,因此照片噪点仍然比较多)。

**操作步骤** 尼康数码单反相机长时间曝光降噪设置

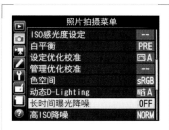

❶ 选择**照片拍摄**菜单中的**长时间曝光降噪**选项

❷ 选择**开启**或**关闭**选项

**操作步骤** 佳能数码单反相机长时间曝光降噪功能设置

❶ 在**拍摄菜单3**中选择**长时间曝光降噪功能**选项

❷ 选择所需的选项,然后按 SET OK 确认

使用长时间曝光降噪功能

未使用长时间曝光降噪功能

↑ 由于夜间光线较弱,进行了长时间曝光,并开启了长时间曝光降噪功能,得到曝光合适且细腻的夜景画面

45mm | f/8 | 10s | ISO 400

# 3.4 感光度——调整感光元件对光线的敏感度

## 理解感光度

作为曝光三要素之一的感光度，在调整曝光的操作中，通常作为最后一项。感光度是指相机的感光元件（即图像传感器）对光线的敏感程度。

在相同条件下，感光度数值越高，感光元件对光线越敏感，曝光越充分，照片就会越亮。

下面的表格分别针对佳能与尼康展示了不同相机的感光度范围，基本的规律是越高端的相机感光度的范围也越广。

**操作方法** 佳能相机设置感光度

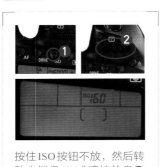

按住ISO按钮不放，然后转动主拨盘或速控转盘可调整ISO感光度数值

**操作方法** 尼康相机设置感光度

按住ISO按钮不放，然后转动主指令拨盘，即可调节ISO感光度的数值

| APS-C画幅/DX画幅 | | |
| --- | --- | --- |
| 佳能 | Canon EOS 760D | Canon EOS 80D |
| ISO感光度范围 | ISO 100～ISO 12800 可以向上扩展到ISO25600 | ISO 100～ISO 16000 可以向上扩展到ISO 25600 |
| 尼康 | Nikon D5500 | Nikon D7200 |
| ISO感光度范围 | ISO 100～ISO 25600 | ISO 100～ISO 25600 可以向上扩展到ISO 102400 |

| 全 画 幅 | | |
| --- | --- | --- |
| 佳能 | Canon EOS 5D Mark Ⅲ | Canon EOS 5Ds |
| ISO感光度范围 | ISO 100～ISO 25600 可以向上扩展到ISO 102400 | ISO 100～ISO 6400 可以向上扩展到ISO 12800 |
| 尼康 | Nikon D750 | Nikon D810 |
| ISO感光度范围 | ISO 100～ISO 12800 可以向上扩展到ISO 51200 | ISO 64～ISO 12800 可以向上扩展到ISO 51200 |

## 感光度对曝光结果的影响

在有些场合拍摄时，如拍摄森林中的鸟儿、光线较暗的博物馆等，光圈与快门速度已经没有调整的空间了，并且在无法开启闪光灯补光的情况下，便只剩下提高感光度数值一种选择。在其他条件不变的情况下，感光度每增加一挡，感光元件对光线的敏锐度会随之增加一倍，即曝光量增加一倍；反之，感光度每减少一挡，曝光量则减少一半。

更直观地说，感光度的变化直接影响光圈或快门速度的设置，以f/2.8、1/200s、ISO 400的曝光组合为例，在保证拍摄对象正确曝光的前提下，如果要改变快门速度并使光圈数值保持不变，可以通过提高或降低感光度数值来实现，快门速度提高一倍（变为1/400s），则可以将感光度提高一倍（变为ISO 800）；如果要改变光圈值而保证快门速度不变，同样可以通过设置感光度数值来实现，例如，要增加两挡光圈（变为f/1.4），则可以将ISO感光度数值降低两挡（变为ISO 100）。

下面是一组在焦距为50mm、光圈为f/3.2、快门速度为1/20s的特定参数下，只改变感光度数值拍摄的照片的效果。

↑ | 50mm | f/3.2 | 1/20s | ISO 100

↑ | 50mm | f/3.2 | 1/20s | ISO 125

↑ | 50mm | f/3.2 | 1/20s | ISO 200

↑ | 50mm | f/3.2 | 1/20s | ISO 320

这组照片是在M挡手动曝光模式下拍摄的，在光圈、快门速度不变的情况下，随着感光度数值的增大，由于感光元件对光线敏感度越来越高，画面变得越来越亮。

## 感光度与画质的关系

虽然调高感光度数值可以提高快门速度，但是随着感光度值的提高，照片的成像质量会逐渐下降。使用过高的感光度值，不仅会使所拍照片的噪点增多，还会对画面的细节锐度、色彩饱和度、色彩偏差、画面层次和画面反差等产生不良影响。

随着图像处理芯片技术的不断发展，目前大部分数码单反相机在低于ISO 800的情况下，所拍摄照片的画质是令人满意的；而当感光度高于ISO 800时，画质的损失就有些难以接受了。数码单反相机越高端，则画面质量也就越好。

➡ 为了避免弱光环境对画面产生无法避免的噪点，我们选择了两张在光线充足的情况下拍摄的照片作为对比，用实例说明感光度设置对画质的影响

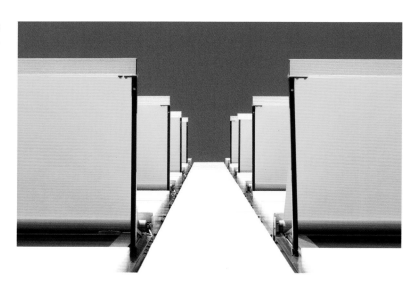

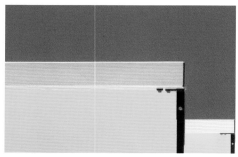

↑ 这幅是感光度较低的作品，可以看到，画面上几乎没有噪点

| 80mm | f/10 | 1/200s | ISO 100 |

↑ 这幅作品中感光度显然已经很高了，画面中的噪点非常明显，同时感光度的提高，还影响了快门速度，当感光度提升时，要提高等量的快门速度，才能得到相同的曝光

| 80mm | f/10 | 1/3200s | ISO 1600 |

## 感光度的设置原则

除去在需要高速抓拍或不能给画面补光的特殊场合，并且只能通过提高感光度值来拍摄的情况外，否则不建议使用过高的感光度值。感光度除了会对曝光产生影响外，对画质也有极大的影响，这一点即使是全画幅相机也不例外。在其他条件相同的情况下，感光度值越低，画质就越好；反之，感光度值越高，就越容易产生噪点和杂色，画质就越差。

在条件允许的情况下，建议采用相机基础感光度中的最低值，一般为 ISO 100，这样可以在最大程度上保证得到较高的画质。

需要特别指出的是，在光线充足与不足的情况下分别拍摄时，即使设置相同的 ISO 感光度值，在光线不足时拍出的照片中也会产生更多的噪点，如果此时再使用较长的曝光时间，那么就更容易产生噪点。因此，在弱光环境中拍摄时，则需要设置适当的高感光度，并配合高 ISO 感光度降噪和长时间曝光降噪功能来获得较高的画质。

| 感光度设置 | 对画面的影响 | 补救措施 |
| --- | --- | --- |
| 光线不足时设置低感光度值 | 会导致快门速度过低，在手持拍摄时容易因为手的抖动而导致画面模糊 | 无法补救 |
| 光线不足时设置高感光度值 | 会获得较高的快门速度，不容易造成画面模糊，但是画面噪点增多 | 可以用后期软件降噪 |

↑ 在拍摄这张逆光人像照片时，由于太阳角度还较高，所以使用较低的感光度值不仅可以保证画面的曝光正常，而且能获得细腻的画质

85mm ┆ f/2.8 ┆ 1/250s ┆ ISO 160

## "高ISO感光度降噪"降低噪点

　　拍摄时使用的感光度值越高，照片上的噪点也就越多，而在既需要使用高感光度又需要保证画面质量时，则可以启用"高ISO降噪"（尼康）/"高ISO感光度降噪功能"（佳能），来减弱画面中的噪点。此功能会在相机内部自动消减照片上的噪点。但要注意的是，由于相机在消减噪点时，并不能智能地判断噪点与图像像素的区别，因此在处理后，有可能导致图像的细节有所损失。

**操作步骤** 尼康数码单反相机高 ISO 降噪设置

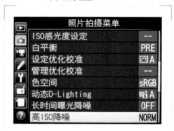

❶ 选择**照片拍摄菜单**中的**高 ISO 降噪**选项

❷ 可选择不同的降噪标准

**操作步骤** 佳能数码单反相机高 ISO 感光度降噪功能设置

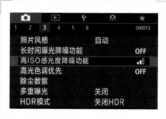

❶ 在**拍摄菜单 3** 中选择**高 ISO 感光度降噪功能**选项

❷ 选择不同的选项，然后按 **SET** OK 确定

↑ 为了提高快门速度，设置高感光度后拍摄室内建筑的画面噪点比较多，开启"高 ISO 感光度降噪"功能后，画面精细许多

30mm ｜ f/9 ｜ 1/30s ｜ ISO 1000

## 用后期完善前期：用Noiseware去除高ISO感光度拍摄的弱光照片噪点

　　Noiseware是一款专业照片降噪滤镜，通常情况下，摄影师只需要根据照片的类型、噪点的多少选择一个对应的预设，就可以得到很好的处理结果。在有需要的情况下，摄影师也可以自定义参数并保存为预设，以便于以后使用。

　　详细操作步骤请扫描二维码查看。

◄ 原始素材图

↑ 处理后的效果图

# 第 4 章

拍出好照片必学的曝光理论

# 4.1 测光模式——曝光的总控制台

当一批摄影爱好者共同结伴外拍时，发现在拍摄同一个场景时，有些人拍摄出来的画面明暗很不一样，产生这种情况的原因之一就在于使用了不同的测光模式。下面就来讲一讲为什么要测光，测光模式又可以分为哪几种。

佳能相机提供了4种测光模式，尼康相机提供了3种测光模式，分别适用于不同的拍摄环境。

↑ 对天空较亮处测光，可得到剪影效果的人像

150mm ┆ f/5.6 ┆ 1/640s ┆ ISO 400

↑ 对儿童的皮肤进行测光，得到了皮肤白皙的效果

50mm ┆ f/5.6 ┆ 1/250s ┆ ISO 100

**操作方法** 尼康数码单反相机测光设置

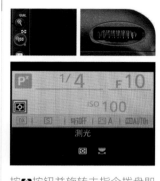

按 ❖ 按钮并旋转主指令拨盘即可选择所需的测光模式

**操作方法** 佳能数码单反相机测光设置

按 ◉ 按钮，然后转动主拨盘或速控转盘即可在4种测光方式之间进行切换

## 评价 / 矩阵测光模式

　　如果摄影爱好者是在光线均匀的环境中拍摄大场景风光照片，如草原、山景、水景、城市建筑等题材，都应该首选评价/矩阵测光模式，因为大场景风光照片通常需要考虑整体的光照，这恰好是评价测光的特色。

　　在该模式下，相机会将画面分为多个区进行平均测光，此模式最适合拍摄日常及风光题材的照片。

　　当然，如果是拍摄雪、雾、云等这类反光率较高的场景，还需要配合使用曝光补偿技巧。

　　该模式在佳能相机中被称为评价测光模式 📷，在尼康相机中被称为矩阵测光模式 📷 。

↑ 色彩柔和、反差较小的风光照片，常用评价测光模式

17mm ┆ f/18 ┆ 5s ┆ ISO 100

## 中央重点平均/中央重点测光模式

在拍摄环境人像时，如果还是使用评价测光模式拍摄，会发现虽然环境曝光合适，而人物的肤色有时候却存在偏亮或偏暗的情况。这种情况下，其实最适合使用中央重点平均测光模式。

中央重点平均/中央重点测光模式适合拍摄主体位于画面中央主要位置的场景，如人像、建筑物、背景较亮的逆光对象，以及其他位于画面中央的对象。这是因为，该模式既能实现画面中央区域的精准曝光，又能保留部分背景的细节。

在中央重点平均/中央重点测光模式下，测光会偏向取景器的中央部位，但也会同时兼顾其他部分的亮度。越靠近取景器的中心位置，在测光时所占的权重越大；而越靠边缘的图像，在测光时所占的权重就越小。

例如，当相机在测光后认为，画面中央位置的对象正确曝光组合是f/8、1/320s，而其他区域正确曝光组合是f/4、1/200s，则由于中央位置对象的测光权重较大，最终相机确定的曝光组合可能会是f/5.6、1/320s，以优先照顾中央位置对象的曝光。

该模式在佳能相机中被称为中央重点平均测光模式[ ]，在尼康相机中被称为中央重点测光模式 [⊙] 。

↑ 当人物处于靠近画面的中心位置时，可使用中央重点平均测光模式，得到人物曝光合适的画面

85mm ⋮ f/2 ⋮ 1/1000s ⋮ ISO 100

## 点测光模式

不管是夕阳时景物呈现为剪影的画面效果，还是皮肤白皙背景曝光过度的高调人像效果，都可以利用点测光模式来实现。

点测光是一种高级测光模式，佳能相机只对画面中央区域的很小部分（也就是光学取景器中央对焦点周围1.5%～4.0%的小区域）进行测光，尼康相机则集中在以所选对焦点为中心的3.5mm直径圈中（大约是整个画面的2.5%）进行测光，因此，具有相当高的准确性。

由于点测光是依据很小的测光点来计算曝光量的，因此，测光点位置的选择将会在很大程度上影响画面的曝光效果，尤其是逆光拍摄或画面明暗反差较大时。

如果对准亮部测光，则可得到亮部曝光合适、暗部细节有所损失的画面；如果对准暗部测光，则可得到暗部曝光合适、亮部细节有所损失的画面。所以，拍摄时可根据自己的拍摄意图来选择不同的测光点，以得到曝光合适的画面。

该模式在佳能和尼康相机中都被称为点测光模式。佳能相机的点测光模式图标为 ⊡，尼康相机的点测光模式图标为 ⊡。

↑ 使用点测光模式针对天空进行测光，得到夕阳下人物呈剪影效果的照片

200mm | f/11 | 1/800s | ISO 400

# 掌握常用的测光技巧让画面曝光精确

一张照片的质量好不好，画面的曝光是否正确是首要的。如前所述，佳能相机提供了4种不同的测光模式，为了获得相对精确的曝光，就要根据不同的拍摄现场或不同的拍摄景物而选择相应的测光模式。摄影爱好者需掌握一些正确测光的技巧，才能更好地应对不同的拍摄场景。

### 利用参照物测光

相机测光系统所测物体的反光率都是18%的灰。在拍摄时，可以找一块中灰色的纸板置于拍摄对象的前面或者旁边，让其面向镜头，然后将镜头对准灰板，通过变焦使其充满画面进行测光，使用所测到的曝光值进行拍摄，基本可以得到曝光准确的画面。

### 替代法测光

当距离拍摄对象很远，不可能靠近拍摄对象去测光时，可采取对替代目标进行测光的

方法。即从近处选择一块与远处的拍摄对象亮度相当的替代目标，直接测量它的反射亮度，以代替对远处拍摄对象的测光。

比如对近处的雪测光，以代替在远处山峰上同样明亮的雪。不过，采用这种测光方法，要注意替代目标和拍摄对象的受光情况必须一致，而且需要再根据现场的实际情况微调曝光量，才能得到曝光准确的画面。

← 利用18%灰板进行测光，然后在此基础上适当增加曝光补偿，使模特的皮肤变得白皙

85mm | f/2.8 | 1/60s | ISO 640

### 近距离靠近拍摄对象测光

除了评价测光模式外，在其他两种测光模式下，相机的测光区域都比较小，仅在取景器的中央部分，在拍摄时应尽可能地靠近拍摄对象或使用长焦距拉近画面，这样便可以将测光区域缩小在拍摄对象的某一局部，从而能够有效地排除其他部位的干扰，所以，测光结果也更为精准。

### 对拍摄对象的重要区域测光

拍摄人物或者明暗反差较大的场景时，测光应以想保留细节的区域为依据。例如，在拍摄逆光人像时，应以人物脸部的亮度为标准曝光，以保证人物皮肤的白皙；又如在拍摄日出日落时，应以太阳周围较亮的天空区域为标准曝光，以保证天空亮度的正常。

### 掌握亮度范围法

这种方法是分别对拍摄对象亮处与暗处进行测光，然后根据相机的宽容度，确定适当的曝光。假如测量拍摄对象的亮部，应该用 f/16 光圈曝光，而测量暗面，则应该用 f/4 光圈曝光，那么，就可以采用折中的光圈数值 f/8 曝光。这样，亮处曝光过度 2 级，暗处曝光不足 2 级，都能够记录下较为丰富的层次。

↑ 摄影师通过精确的测光，使画面的阴影处与高光处都有丰富的细节

18mm ┊ f/7.1 ┊ 1/25s ┊ ISO 100

## 4.2 曝光补偿——实现个性化画面的杀手锏

### 曝光补偿的概念

由于数码相机是利用一套程序来对不同的拍摄场景进行测光的，因此在拍摄一些极端环境，如较亮的白雪场景或较暗的弱光环境时，往往会出现偏差。为了避免这种情况的发生，可以通过增加或减少曝光补偿使所拍摄景物的色彩得到较好的还原。

相机的测光原理是基于18%中性灰建立的，数码相机的测光主要是由场景物体的平均反光率确定的。因为除了反光率比较高的场景（如雪景、云景）及反光率比较低的场景（如煤矿、夜景），其他大部分场景的平均反光率都在18%左右，而这一数值正是灰度为18%物体的反光率。因此，可以简单地将测光原理理解为：当所拍摄场景中被摄物体的反光率接近于18%时，相机就会做出正确的测光。

数码单反相机都提供了曝光补偿功能，即可以在当前相机测定的曝光数值的基础上，做增加亮度或减少亮度的补偿性操作，以使拍摄出来的照片更符合真实的光照环境。例如，拍雪景时就要增加一至两挡的曝光补偿，这样拍出来的雪才会更加洁白。

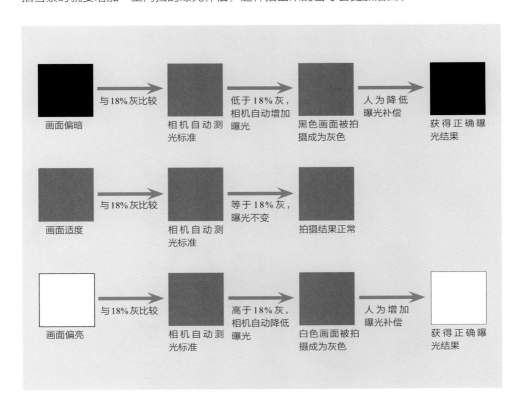

## 调整曝光补偿的方法

通过调整曝光补偿数值，可以改变照片的曝光效果，从而使拍摄出来的照片传达出摄影师的表现意图。例如，通过增加曝光补偿，使照片轻微曝光过度以得到柔和的色彩与浅淡的阴影，使照片有轻快、明亮的效果；或者通过减少曝光补偿，使照片变得阴暗。

在拍摄时，是否能够主动运用曝光补偿技术，是判断一位摄影师是否真正理解摄影的光影奥秘的标志之一。

佳能、尼康相机的曝光补偿范围为－5.0～+5.0EV，并以1/3级为单位进行调节。

**操作方法** 尼康数码单反相机曝光补偿设置

按▣按钮，然后转动主指令拨盘，即可在控制面板上调整曝光补偿数值

**操作方法** 佳能数码单反相机曝光补偿设置

在 P、Tv、Av 模式下，半按快门查看取景器曝光量指示标尺，然后转动速控转盘〇即可调节曝光补偿值

↑ 增加曝光补偿后，人物的肤色更显白皙、细腻

35mm | f/2.8 | 1/160s | ISO 100

## 判断曝光补偿的方向

在了解曝光补偿的概念后，那么在拍摄时如何应用曝光补偿呢？曝光补偿分为正向与负向，即增加与减少曝光补偿，针对不同的拍摄题材，在拍摄时一般可使用"找准中间灰，白加黑就减"口诀来判断是增加还是减少曝光补偿。

需要注意的是，"白加"中提到的"白"并不是指单纯的白色，而是泛指一切颜色看上去比较亮的、比较浅的景物，如雪、雾、白云、浅色的墙体、亮黄色的衣服等；同理，"黑减"中提到的"黑"，也并不是单指黑色，而是泛指一切颜色看上去比较暗的、比较深的景物，如夜景、深蓝色的衣服、阴暗的树林、黑胡桃色的木器等。

因此，在拍摄时，若遇到了"白色"的场景，就应该做正向曝光补偿；如果遇到的是"黑色"的场景，就应该做负向曝光补偿。

## 用后期完善前期：模拟减少曝光补偿以强化色彩与细节的效果

在本例中，主要是使用Camera Raw中的渐变滤镜功能，分别对照片的天空和地面进行减少和增加曝光的处理，以显示出其中的细节。在基本调整好各部分的曝光与细节后，再通过"基本"选项卡中的参数，对对比度及细节进行细致的调整。另外，由于本例中暗部的曝光不太均匀，因此笔者还使用了调整画笔工具 ✐ 对局部曝光进行了适当的调整。

详细操作步骤请扫描二维码查看。

↑ 原始素材图

➡ 处理后的效果图

## 判断曝光补偿量

如前所述，根据"白加黑减"口诀来判断曝光补偿的方向并非难事，真正令大多数初学者比较迷惑的是，面对不同的拍摄场景应该如何选择曝光补偿量。

实际上，选择曝光补偿量的标准也很简单，就是要根据画面中的明暗比例来确定。

如果明暗比例为1:1，则无须进行曝光补偿，用评价测光就能够获得准确的曝光。

如果明暗比例为1:2，应该做−0.3挡曝光补偿；如果明暗比例是2:1，则应该做+0.3挡曝光补偿。

如果明暗比例为1:3，应该做−0.7挡曝光补偿；如果明暗比例是3:1，则应该做+0.7挡曝光补偿。

如果明暗比例为1:4，应该做−1挡曝光补偿；如果明暗比例是4:1，则应该做+1挡曝光补偿。

总之，明暗反差越大，则曝光补偿的量也应该越大。当然，由于佳能相机的曝光补偿范围为−5.0～+5.0EV，因此，最高曝光补偿量不可能超过这个数值。

在确定曝光补偿量时，除了要考虑场景的明暗比例，还要将摄影师的表现意图考虑在内，其中比较典型的是人像摄影。例如，在拍摄漂亮的女模特时，如果希望其皮肤在画面中显得更白皙一些，则可以在自动测光的基础上再增加0.3～0.5挡曝光补偿。

在拍摄老人、棕色或黑色人种时，如果希望其肤色在画面中看起来更沧桑或更黝黑，则可以在自动测光的基础上做−0.5～−0.3挡曝光补偿。

➡ 明暗比例为1:3的场景

➡ 明暗比例为3:1的场景

## 正确理解曝光补偿

许多摄影初学者在刚接触曝光补偿时，以为使用曝光补偿可以在曝光参数不变的情况下，提亮或加暗画面，这种认识是错误的。

实际上，曝光补偿是通过改变光圈与快门速度来提亮或加暗画面的。即在光圈优先模式下，如果增加曝光补偿，相机实际上是通过降低快门速度来实现的；反之，则通过提高快门速度来实现。在快门优先模式下，如果增加曝光补偿，相机实际上是通过增大光圈来实现的（直至达到镜头的最大光圈），因此，当光圈达到镜头的最大光圈时，曝光补偿就不再起作用；反之，则通过缩小光圈来实现。

下面通过两组照片及相应拍摄参数来佐证这一点。

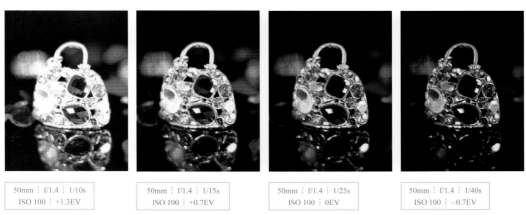

| 50mm ┊ f/1.4 ┊ 1/10s ISO 100 ┊ +1.3EV | 50mm ┊ f/1.4 ┊ 1/15s ISO 100 ┊ +0.7EV | 50mm ┊ f/1.4 ┊ 1/25s ISO 100 ┊ 0EV | 50mm ┊ f/1.4 ┊ 1/40s ISO 100 ┊ −0.7EV |

↑ 从上面展示的4张照片中可以看出，在光圈优先模式下，改变曝光补偿，实际上是改变了快门速度

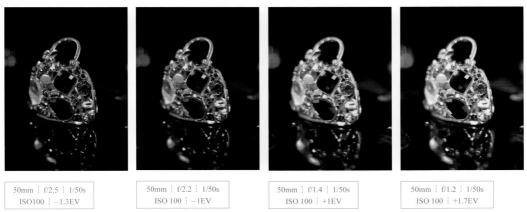

| 50mm ┊ f/2.5 ┊ 1/50s ISO100 ┊ −1.3EV | 50mm ┊ f/2.2 ┊ 1/50s ISO 100 ┊ −1EV | 50mm ┊ f/1.4 ┊ 1/50s ISO 100 ┊ +1EV | 50mm ┊ f/1.2 ┊ 1/50s ISO 100 ┊ +1.7EV |

↑ 从上面展示的4张照片中可以看出，在快门优先模式下，改变曝光补偿，实际上是改变了光圈大小

# 4.3 利用曝光锁定功能锁定曝光

曝光锁定，顾名思义就是可以将画面中某个特定区域的曝光值锁定，并以此曝光值对场景进行曝光。

曝光锁定主要用于如下场合。

❶ 当光线复杂而主体不在画面中央位置的时候，需要先对准主体进行测光，然后将曝光值锁定，再进行重新构图、拍摄；

❷ 以代测法对场景进行曝光，当场景中的光线复杂或主体较小时，可以对其他代测物体进行测光，如人的面部、反光率为18%的灰板、人的手背等，然后将曝光值锁定，再进行重新构图、拍摄。

下面以拍摄逆光人像为例讲解其操作方法。

通过使用镜头的长焦端或者靠近拍摄对象人物，使人物充满画面，半按快门按钮得到一个曝光值，按下曝光锁定按钮锁定曝光值。

保持曝光锁定按钮的被按下状态，通过改变相机的焦距或者改变和拍摄人物之间的距离进行重新构图，半按快门按钮对拍摄对象对焦，合焦后完全按下快门按钮完成拍摄。

**操作方法** 尼康数码单反相机曝光锁定设置

按下AE-L/AF-L按钮即可锁定曝光和对焦

**操作方法** 佳能数码单反相机曝光锁定设置

按下自动曝光锁按钮，即可锁定当前的曝光

⤒ 对模特面部测光后，由于没有进行曝光锁定，导致模特的面部有些发暗

⤐ 对模特面部进行测光后，使用曝光锁定功能锁定并重新构图进行拍摄，可看出画面中模特的肤色更显白皙、细腻

135mm ┊ f/2.8 ┊ 1/200s ┊ ISO 100

## 4.4　包围曝光——实现多拍优选

### 什么是包围曝光

　　包围曝光是一种使用不同曝光组合连续拍摄3张照片的方法，使用这种拍摄技术可以提高获得正确曝光照片的概率。在开启自动包围曝光功能后，相机将会按照设置好的曝光量连拍3张。如果设定的曝光补偿值是0.3，那么所拍摄的3张照片曝光值分别是：第1张为－0.3挡曝光补偿；第2张为正常曝光；第3张为+0.3挡曝光补偿。在相机菜单中可以设置拍摄时的曝光顺序，即可以是正常、不足、过度，也可以是不足、正常、过度。

　　在拍摄大光比的风光摄影作品，例如日出、日落场景时，如果没有把握通过设置光圈、快门速度、白平衡等参数获得准确的曝光，就应该使用包围曝光的手法一次性拍摄出3张不同曝光组合的照片，最后从中选择出令人满意的照片。

　　另外，在拍摄需要使用中灰镜降低天空与地面反差的场景时，也可以利用包围曝光的技术手段，从3张照片中选择天空曝光准确的照片与地面曝光准确的照片，然后通过后期处理技术将其合成为一张完美的照片。

**操作方法** 尼康数码单反相机包围曝光设置

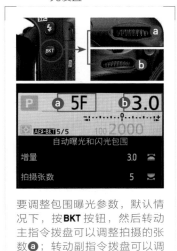

要调整包围曝光参数，默认情况下，按**BKT**按钮，然后转动主指令拨盘可以调整拍摄的张数**ⓐ**；转动副指令拨盘可以调整包围曝光的范围**ⓑ**

**操作方法** 佳能数码单反相机包围曝光设置

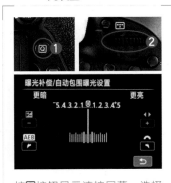

按**Q**按钮显示速控屏幕，选择曝光量指示标尺，用▶或◀图标或转动主拨盘可设置自动包围曝光的范围

◄ 通过设置包围曝光得到3张不同效果的花卉照片，再从中选取细节丰富，颜色饱和的一张

## 怎样结合曝光补偿使用

　　前面介绍过，包围曝光功能可以连续拍摄出3张曝光量略有差异的照片。而在实际拍摄过程中，经常碰到这样一种情况，当前拍摄的场景本身就较暗或较亮，需要根据曝光补偿原则进行增加或减少曝光的操作，在这种情况下，可以用曝光补偿结合包围曝光的方法来拍摄。

　　例如，根据场景需要把曝光补偿值设置为+0.7EV，此时如果将包围曝光的范围数设置为0.3，拍摄张数设置为3张，那么相机将拍摄一张曝光补偿为+0.3EV、一张曝光补偿为+0.7EV、一张曝光补偿为+1EV的照片。然后，可从中选择觉得曝光合适的照片。

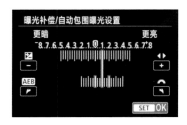

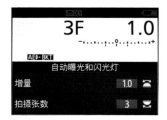

↑ 佳能相机：在此界面中，设置了+1EV的曝光补偿值，包围曝光的范围为1EV，那么拍摄出来的3张照片曝光补偿分别为0EV、+1EV、+2EV

↑ 尼康相机：在此界面中，曝光补偿值为0，包围曝光的范围为1EV，拍摄张数为3，那么拍摄出来的3张照片曝光补偿分别为-1EV、0EV、+1EV

↑ 设置+0.7EV曝光补偿，并设置了±0.3EV的包围曝光值，拍摄得到3张曝光量不同的人像照片

# 4.5 根据题材选择适用的对焦模式

如果说了解测光可以帮助我们正确地还原影调的话，那么选择正确的自动对焦模式，则可以帮助我们获得清晰的影像，而这恰恰是拍出好照片的关键环节之一。下面分别介绍佳能和尼康相机设置自动对焦模式的操作方法，以及各种自动对焦模式的特点及适用场合。

## 单次对焦适用于拍摄静止对象

此自动对焦模式是风光摄影中最常用的对焦模式之一，特别适合拍摄静止的对象，例如山峦、树木、湖泊、建筑等。当然，在拍摄人像、动物时，如果拍摄对象处于静止或缓慢运动的状态，也可以使用这种对焦模式。

在此自动对焦模式下，相机在合焦（半按快门按钮时对焦成功）之后即停止自动对焦，此时可以保持快门按钮的半按状态重新调整构图。

佳能相机称之为单次自动对焦（ONE SHOT），尼康相机称之为单次伺服自动对焦模式（AF-S）。

**操作方法** 尼康数码单反相机自动对焦设置

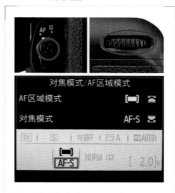

将对焦模式选择器旋转至 AF，按住 **AF** 按钮不放，然后转动主指令拨盘，可以在 3 种自动对焦模式间切换

**操作方法** 佳能数码单反相机自动对焦设置

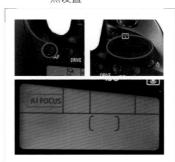

将镜头上的对焦模式开关设置于 AF 挡，按机身上的 **AF** 按钮然后转动主拨盘，可以在 3 种自动对焦模式间切换

◀ 使用单次伺服自动对焦模式拍摄静止的对象，画面焦点清晰，构图也更加灵活，不用拘泥于仅有的对焦点

## 连续对焦适用于拍摄运动对象

在拍摄运动中的鸟、昆虫、人等对象时，如果还使用单次自动对焦模式，便会发现拍摄的大部分画面都不清晰。对于运动的主体，在拍摄时，最适合选择连续自动对焦模式。佳能相机称之为人工智能伺服自动对焦模式（AI SERVO），尼康相机称之为连续伺服自动对焦模式（AF-C）。

在此自动对焦模式下，当摄影师半按快门按钮合焦后，保持快门按钮的半按状态，相机会在对焦点中自动切换以保持对运动对象的准确合焦状态。如果在这个过程中拍摄对象的位置发生了较大的变化，只要移动相机使任何一个自动对焦点保持覆盖主体，就可以持续进行对焦。

➡ 在使用佳能相机拍摄从水面飞向空中的鸟儿时，选择了连续自动对焦模式，使画面对焦清晰

300mm | f/8 | 1/5000s | ISO 500

## 智能自动对焦由相机自动判断对焦方式

越来越多的人因为家里有小孩子而购买单反相机，以记录孩子的日常生活，可到真正拿起相机拍他们时，却发现小孩子的动和静毫无规律可言，想要拍摄好太难了。

数码单反相机针对这种无法确定拍摄对象是静止还是运动状态的拍摄情况，提供了智能自动对焦模式。佳能相机称之为人工智能自动对焦（AI FOCUS），尼康相机称之为自动伺服自动对焦模式（AF-A）。在此模式下，相机会自动根据拍摄对象是否运动来选择单次自动对焦还是连续自动对焦。

例如，在动物摄影中，如果所拍摄的动物暂时处于静止状态，但有突然运动的可能性，此时应该使用该自动对焦模式，以保证能够将拍摄对象清晰地捕捉下来。在人像摄影中，如果模特不是处于摆拍的状态，随时有可能从静止状态变为运动状态，也可以使用这种自动对焦模式。

➡ 儿童玩耍的状态无法确定规律，因此，可以使用智能自动对焦模式

70mm | f/3.5 | 1/500s | ISO 100

# 完全手动调整对焦

当自动对焦无法满足需要（比如画面主体处于杂乱的环境中；或者画面属于高对比、低反差的画面；或者是在夜晚进行拍摄的情况下）时，可以使用手动对焦功能。但根据各人的拍摄经验不同，成功率也有极大的差别。

在使用时，首先需要在镜头上将对焦方式从默认的AF自动对焦切换至MF手动对焦，然后转动对焦环，直至在取景器中观察到的影像非常清晰为止，然后即可按下快门按钮进行拍摄。这种对焦方式在微距摄影中也是很常用的。

手动对焦适合在多种情况下使用，例如在拍摄蜘蛛网时使用自动对焦很难对焦，而使用手动对焦就可以轻松地合焦并拍摄。

**操作方法** 尼康数码单反相机手动对焦设置

在机身上将AF按钮扳动至M位置上，即可切换至手动对焦模式

**操作方法** 佳能数码单反相机手动对焦设置

将镜头上的对焦模式切换器设为MF，即可切换至手动对焦模式

← 使用手动对焦模式拍摄微距，可以根据摄影师的拍摄意图选择对焦需要的位置，获得主体清晰的画面

105mm | f/14 | 1/80s | ISO 100

## 用后期完善前期：USM快速锐化

在本例中，主要是使用"USM锐化"命令进行快速锐化处理，用户可根据需要在其中设置参数，以调整锐化的强度，然后再结合图层蒙版及绘图功能，对锐化过度的区域进行恢复即可。

详细操作步骤请扫描二维码查看。

 原始素材图

 处理后的效果图

## 用后期完善前期：Lab颜色模式下的专业锐化处理

要在锐化时不产生异色，最佳的方法就是对照片的亮度范围进行锐化。要获得照片的亮度范围，可以借助Lab颜色模式，此时的L通道记录了照片全部的亮度信息（a和b通道用于记录照片的颜色信息），对此通道进行锐化处理，就可以避免产生异色。

详细操作步骤请扫描二维码查看。

 处理后的效果图

原始素材图

第 5 章

重要的菜单设置

# 5.1 设置文件存储格式

佳能数码单反相机可以设置JPEG与RAW至少两种文件存储格式。其中，JPEG是最常用的图像文件格式，它用压缩的方式去除冗余的图像数据，在获得极高压缩率的同时能展现十分丰富、生动的图像，且兼容性好，广泛应用于网络发布、照片洗印等领域。

RAW原意是"未经加工"，是数码相机专有的文件存储格式。RAW文件能够同时录制数码相机传感器的原始信息及相机拍摄所产生的一些原数据（如相机型号、快门速度、光圈、白平衡等）。准确地说，它并不是某个具体的文件格式，而是一类文件格式的统称。

例如，在Canon EOS 80D中，RAW格式文件的扩展名为*.CR2，这也是目前所有佳能相机统一的RAW文件格式。而在Nikon D7500中，RAW格式文件的扩展名为*.NEF，这也是目前所有尼康相机统一的RAW文件格式。

## 采用RAW格式拍摄的优点

■ 可在计算机上对照片进行更细致的处理，包括白平衡调节、高光区调节、阴影区调节，清晰度、饱和度控制及周边光量控制；还可以对照片的噪点进行处理，或者重新设置照片的拍摄风格。

■ 可以使用最原始的图像数据（直接来自于传感器），而不是经过处理的信息，这毫无疑问将获得更好的画面效果。

■ 可以利用14位图片文件进行高位编辑，这意味着更多的色调，可以使最后的照片达到更平滑的梯度和色调过渡。在14位模式下操作时，可使用的数据更多。

**操作步骤** 尼康数码单反相机图像品质设置

❶ 选择照片拍摄菜单中的图像品质选项

❷ 按▲或▼方向键可选择文件存储的格式及品质

**操作步骤** 佳能数码单反相机图像画质设置

❶ 在拍摄菜单1中选择图像画质选项

❷ 选择RAW格式画质，然后按 SET OK 确认

## 如何处理RAW格式文件

当前很多软件能够处理RAW格式文件，如果是佳能用户，可以使用佳能原厂提供的软件——Digital Photo Professional，此软件是佳能公司开发的一款用于照片处理和管理的软件，简写为DPP；如果是尼康用户，可以用尼康原厂提供的软件——ViewNX，这些由原厂提供的软件能够处理数码单反相机拍摄的RAW格式文件，操作较为简单。

如果希望使用更专业的软件，可以考虑使用Photoshop，此软件自带RAW格式文件处理插件，能够处理各类RAW格式文件，而不仅限于佳能、尼康数码相机所拍摄的RAW文件，其功能非常强大。

↑ 佳能DPP软件界面示意图

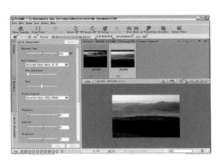
↑ 尼康ViewNX软件界面示意图

↑ 大图为以RAW格式拍摄的原图，右侧两张小图是经过后期调整后的效果，得到一冷一暖两种画面效果

90mm ┆ f/16 ┆ 1/400s ┆ ISO 100

## 5.2　设置色彩空间

### 为用于纸媒介的照片选择色彩空间

如果照片用于书籍或杂志印刷，最好选择Adobe RGB色空间（尼康）/色彩空间（佳能），因为它是Adobe 专门为印刷开发的，因此允许的色彩范围更大，包含了很多在显示器上无法显示的颜色，如绿色区域中的一些颜色，这些颜色会使印刷品呈现更细腻的色彩过渡效果。

### 为用于电子媒介的照片选择色彩空间

如果照片用于数码彩扩、屏幕投影展示、计算机显示屏展示等用途，最好选择sRGB 色彩空间。

↑ 这张人像照片只用于网络展示，因而使用sRGB 色彩空间即可

50mm ┆ f/2 ┆ 1/500s ┆ ISO 100

**操作步骤**　尼康数码单反相机色空间设置

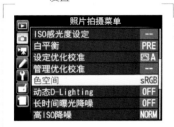

❶ 选择照片拍摄菜单中的色空间选项

❷ 按▲或▼方向键可选择sRGB 或 Adobe RGB 色空间

**操作步骤**　佳能数码单反相机色彩空间设置

❶ 在拍摄菜单 2 中选择色彩空间选项

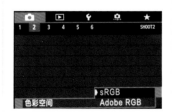

❷ 选择需要的选项即可

# 5.3 暗角控制（尼康）/ 周边光量校正（佳能）

使用广角镜头或大光圈镜头在光圈全开的情况下拍摄时，会经常出现照片四周有暗角的情况。这是由于镜头的镜片结构是圆形的，而成像的图像感应器是矩形的，进入镜头的光线经过遮挡，在图像的四周就会形成暗角。

利用"暗角控制"（尼康）/"周边光量校正"（佳能）可以有效地控制或降低暗角的出现。

## 提示

如果以JPEG格式保存照片，建议选择"启用"选项，通过校正改善暗角问题；如果以RAW格式保存照片，建议选择"关闭"选项，然后在其他专业照片处理软件中校正此问题。

其实这个功能也有争议，因为，有些摄影爱好者反而比较喜欢照片的暗角效果，有时甚至用软件为照片添加不同的暗角效果。

⬆ 拍摄时开启了暗角控制功能，得到没有明显暗角现象的画面

16mm | f/9 | 1/100s | ISO 100

**操作步骤** 尼康数码单反相机暗角控制设置

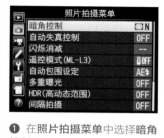

❶ 在**照片拍摄菜单**中选择**暗角控制**选项

❷ 按▲或▼方向键选择校正的强度

**操作步骤** 佳能数码单反相机光量校正设置

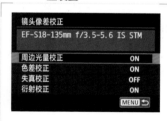

❶ 在**拍摄菜单1**中的**镜头像差校正**里选择**周边光量校正**选项

❷ 选择是否启用**周边光量校正**功能

# 5.4　高光警告/加亮显示功能示警画面的曝光过度

　　在回放照片时，可以显示一些相关的参数，以方便我们了解照片的具体信息。例如，启用"高光警告"（佳能）/"加亮显示"（尼康）功能，就可以帮助用户发现所拍摄照片中曝光过度的区域，如果想要表现曝光过度区域的细节，就需要适当减少曝光。

**操作步骤** 佳能数码单反相机高光警告设置

 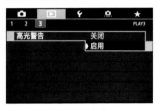 

❶ 在**回放菜单**3中选择**高光警告**选项

❷ 选择**启用**或**关闭**选项

❸ 在回放照片时，会以黑色的闪烁显示出曝光过度的区域

**操作步骤** 尼康数码单反相机加亮显示设置

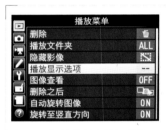  

❶ 选择**播放菜单**中的**播放显示选项**选项

❷ 选择**加亮显示**选项，然后选择**❸选择**勾选该选项，然后按**OK确定**

❸ 在回放照片时，会以黑色的闪烁显示出曝光过度的区域

➡ 在拍摄风光照片时，尤其要避免高光区域的曝光过度问题，使用"高光警告"功能可以避免出现这种情况

16mm｜f/8｜1/20s｜ISO 100

# 5.5 利用动态D-Lighting使画面细节更丰富（尼康）

在拍摄光比较大的画面时容易丢失细节，当亮部过亮、暗部过暗或者明暗反差较大时，如果使用是尼康相机，可以启用"动态D-Lighting"功能进行不同程度的校正。

例如，在直射且明亮的阳光下拍摄时，拍出的照片中容易出现较暗的阴影与较亮的高光区域，启用"动态D-Lighting"功能，可以确保所拍摄照片中的高光和阴影区域的细节不会丢失，因为此功能会使照片的曝光稍不足一些，有助于防止照片的高光区域完全变白而显示不出任何细节，同时还能够避免因为曝光不足而使阴影区域中的细节丢失。

**操作步骤** 尼康数码单反相机动态 D-Lighting 设置

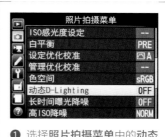

❶ 选择**照片拍摄菜单**中的**动态 D-Lighting** 选项

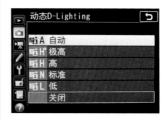

❷ 可选择不同的校正强度

关闭

高

关闭

高

← 通过对比可以看出，在选择"高"或"关闭"动态 D-Lightng 时，得到的照片效果还是有较大差别的，尤其在选择"高"时，画面亮部细节明显被保留，暗部也有较大的提亮

85mm | f/2.8 | 1/1250s | ISO 100

# 5.6 利用自动亮度优化提升暗调照片质量（佳能）

如前所述，通常在拍摄光比较大的画面时容易丢失细节，最终出现画面中亮部过亮、暗部过暗或明暗反差较大的情况，前一页讲解了尼康相机的解决方法，下面讲解佳能相机的解决方法。对于佳能相机而言，在这种情况下应该启用"自动亮度优化"功能。

例如，在直射明亮阳光下拍摄时，拍出的照片中容易出现较暗的阴影与较亮的高光区域，启用"自动亮度优化"功能，可以确保所拍摄照片中的高光和阴影的细节不会丢失，因为此功能会使照片的曝光稍欠一些，有助于防止照片的高光区域完全变白而显示不出任何细节，同时还能够避免因为曝光不足而使阴影区域中的细节丢失。

值得注意的是，如果"高光色调优先"被设为了"启用"，则"自动亮度优化"将被自动"关闭"，并且无法改变该设置。另外，根据拍摄条件的不同，使用此功能可能会导致画面中的噪点增多。

**操作步骤** 佳能数码单反相机自动亮度优化设置

❶ 在**拍摄菜单2**中选择**自动亮度优化**选项

❷ 可选择不同的优化强度，按 INFO 可勾选或取消勾选**在M或B模式下关闭**选项

↑ 启用"自动亮度优化"功能，画面中亮部与暗部细节都比较丰富

200mm ┆ f/3.5 ┆ 1/640s ┆ ISO 100

↑ 未启用"自动亮度优化"功能，画面中暗部细节有缺失

200mm ┆ f/3.5 ┆ 1/640s ┆ ISO 100

# 5.7 利用"高光色调优先"优化照片细节（佳能）

佳能相机独有的"高光色调优先"功能可以有效提升高光细节，使照片灰度与高光之间的过渡更加平滑。这是因为在开启这一功能后，可以使拍摄时的动态范围从标准的18%灰度扩展到高光区域。此时，画面的曝光可能会偏暗一些，同时噪点也会变得较为明显。

**操作步骤** 佳能数码单反相机高光色调优先设置

❶ 在**拍摄菜单3**中选择**高光色调优先**选项

❷ 选择**关闭**或**启用**选项，然后按 **SET OK** 确定

← 未开启"高光色调优先"功能，画面的亮部细节有缺失

100mm ┆ f/13 ┆ 1/640s ┆ ISO 200

← 开启"高光色调优先"功能，画面中亮部细节比较丰富

85mm ┆ f/8 ┆ 1/800s ┆ ISO 200

# 5.8 曝光延迟模式（尼康）

在使用尼康数码单反相机进行长时间曝光且未使用遥控器拍摄时，建议启用"曝光延迟模式"功能，这样摄影师在按下快门释放按钮且相机升起反光板后，快门将延迟释放几秒，以避免因为按下快门按钮使机身产生抖动而导致照片模糊。

**操作步骤** 尼康数码单反相机曝光延迟模式设置

❶ 进入**自定义设定**菜单，选择 **d 拍摄/显示**中的 **d3 曝光延迟模式**选项

❷ 可选择不同的曝光延迟时间，或者关闭曝光延迟模式

↑ 启用"曝光延迟模式"功能，使相机延迟曝光约2秒，以得到了清晰的夜景照片

| 17mm | f/22 | 8s | ISO 400 |

# 5.9 利用HDR合成漂亮的大光比照片

## 理解宽容度

许多摄影爱好者都曾遇到过面对蓝天白云、金色落日的美景，却无法将其完美地捕捉下来的情况，其原因绝大部分是由于所拍摄的场景光比很大，而数码相机感光元件的宽容度较小，从而造成相机无法同时兼顾场景最暗区域与最亮区域的细节，导致拍摄出来的照片要么亮部成为白色，要么暗部成为黑色。

在数码摄影中，"宽容度"通常也被称为"曝光宽容度"或"动态范围"，是指感光元件能够真实、准确记录景物亮度反差的最大范围，此参数反映了数码相机能够同时记录同一场景中最亮的高光区域和最黑的暗部区域细节的能力。当相机能够同时保证明亮的光照区域及较暗的阴影区域曝光正确时，则表明数码相机感光元件的宽容度较大。

如果数码相机感光元件的宽容度较小，就可能出现暗部曝光正确，而明亮的高光区域因曝光过度形成一片"死白"的现象，从而丢失很多明亮区域的细节；也可能出现照片亮部曝光正确，但暗部出现一片"死黑"的情况，从而使暗部的许多细节都被淹没在黑暗之中。

因此，在数码摄影中，所用相机的宽容度越大，对于最终照片质量的提升就越有帮助，也才有可能准确记录下那些大光比的漂亮风景。

通常全画幅相机的宽容度比APS-C画幅相机的宽容度要大；而APS-C画幅相机的宽容度又比家用小数码相机的宽容度要大。

↑ 在光线较弱的环境中拍摄，暗部细节损失较多

24mm ┊ f/3.5 ┊ 1/60s ┊ ISO 80

↑ 在光线较亮的环境中拍摄，亮部细节损失较多

18mm ┊ f/14 ┊ 1/160s ┊ ISO 250

## 解决宽容度问题的最佳办法——HDR

由于宽容度的大小取决于相机的硬件，因此要使拍摄出来的照片有较大的宽容度，必须从拍摄技术入手，目前最佳解决方法就是采用高动态范围图像合成技术，即HDR图像合成技术。

使用HDR图像合成技术，可以通过分别记录场景中最亮影调和最暗影调，然后在HDR专业软件中将这些照片"合并"在一起，从而得到高光区域和暗部区域细节都有较好表现的画面效果。

# 利用HDR模式直接拍出HDR照片

利用佳能单反相机的"HDR模式"功能，可以直接拍摄出具有丰富明暗细节的HDR照片。HDR模式的原理是通过连续拍摄3张正常曝光量、增加曝光量及减少曝光量的影像，然后由相机进行高动态影像合成，从而获得暗调、中间调与高光区域都具有丰富细节的照片，甚至可以获得类似油画、浮雕画等特殊的影像效果。

**操作步骤** 佳能数码单反相机 HDR 模式设置

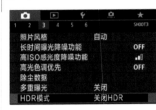 

❶ 在**拍摄菜单3**中选择**HDR模式**选项

❷ 选择**调整动态范围**选项

❸ 选择 HDR 的动态范围

❹ 若在步骤❷中选择了**效果**选项，即可以选择不同的合成效果

❺ 若在步骤❷中选择了**连续HDR**选项，可以选择**仅限1张**或**每张**选项

❻ 若在步骤❷中选择了**自动图像对齐**选项，可以选择**启用**或**关闭**选项

■ 调整动态范围：此选项用于控制是否启用HDR模式，以及在开启此功能后的动态范围。选择"自动"将由相机自动判断合适的动态范围，然后以适当的曝光增减量进行拍摄并合成。选择±1EV、±2EV或±3EV选项，可以指定合成时的动态范围，即分别拍摄正常、增加和减少1/2/3挡曝光的图像，并进行合成。

■ 效果：此选项用于选择合成HDR图像时的影像效果，包括"自然""标准绘画风格""浓艳绘画风格""油画风格""浮雕画风格"5个选项。

■ 连续HDR：在此选项中可以设置是否连续多次使用HDR模式。选择"仅限1张"选项，将在拍摄完成一张HDR照片后，自动关闭此功能。选择"每张"选项，将一直保持HDR模式的开启状态，直至摄影师手动将其关闭为止。

■ 自动图像对齐：选择"启用"选项，在合成HDR图像时，相机会自动对齐各个图像，减少出现图像之间错位的现象。选择"关闭"选项，将关闭"自动图像对齐"功能，若拍摄的3张照片中有位置偏差，则合成后的照片可能会出现重影现象。

尼康数码单反相机的机内HDR功能相比佳能数码单反相机要弱一些，启用HDR模式后通过连续拍摄两张增加曝光量及减少曝光量的图像，然后由相机进行高动态图像合成，从而获得暗调与高光区域都能均匀显示细节的照片。

**操作步骤** 尼康数码单反相机HDR模式设置

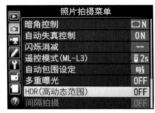

❶ 选择**照片拍摄**菜单中的HDR（**高动态范围**）选项

❷ 选择HDR**模式**选项

❸ 选择是否启用HDR模式以及是否连续多次拍摄HDR照片

❹ 若在步骤❷中选择HDR**强度**选项

❺ 则可以选择不同的HDR强度

■ HDR模式：用于设置是否开启及是否连续多次拍摄HDR照片。选择"开启（一系列）"选项，将一直保持HDR模式的打开状态，直至摄影师手动将其关闭为止；选择"开启（单张照片）"选项，将在拍摄完成一张HDR照片后，自动关闭此功能；选择"关闭"选项，将禁用HDR拍摄模式。

■ HDR强度：用于控制两张照片之间的曝光差异，数值越高，则两张照片的曝光级数相差越大，生成的最终照片中最亮与最暗区域的细节越多，但照片的颜色有可能变得很怪异。其中包括了"自动""极高""高""标准"和"低"5个选项。若选择"自动"选项，则相机会根据拍摄环境自动调整HDR强度。

## 用后期完善前期：用 Camera Raw 合成出亮部与暗部细节都丰富的 HDR 照片

本例是使用 RAW 格式照片合成 HDR，因此采用的是 Adobe Camera Raw9.0 中新增的"合并到 HDR"命令进行合成，它可以充分利用 RAW 格式照片的宽容度，从而更好地进行合成处理。要注意的是，建议使用 Photoshop CC 2015 版搭配 Adobe Camera Raw9.0 以上的版本使用，否则可能会出现无法合成 HDR 的问题。

详细操作步骤请扫描二维码查看。

 原始素材图

→ 处理后的效果图

## 用后期完善前期：用 Photomatix 合成出色彩艳丽的 HDR 照片

在本例中，使用 Photomatix Pro 软件对单张 RAW 格式照片进行 HDR 合成处理。在处理过程中，将首先对照片的噪点、色彩等基础问题进行校正，然后使用软件自带的预设并结合自定义参数，处理得到满意的 HDR 效果。最后，还对照片的对比度细节进行了润饰。

详细操作步骤请扫描二维码查看。

↑ 原始素材图

→ 处理后的效果图

# 5.10 利用多重曝光获得蒙太奇画面

"多重曝光"功能支持多张照片的融合，即分别拍摄设定张数照片，然后相机会自动将其融合在一起。"多重曝光"功能可以帮助我们轻易地实现蒙太奇式的图像合成效果。

**操作步骤** 佳能数码单反相机多重曝光设置

❶ 在拍摄菜单3中选择**多重曝光**选项

❷ 选择**多重曝光**选项

❸ 选择**启用**或**关闭**选项

❹ 若在步骤❷中选择了多重曝光控制选项，可选择多重曝光的控制方式

❺ 若在步骤❷中选择了曝光次数选项，用▲或▼图标设定曝光的次数，然后按 **SET OK**

❻ 若在步骤❷中选择了连续多重曝光选项，选择**仅限1张**或**连续**选项

❼ 若在步骤❷中选择了选择要多重曝光的图像选项

❽ 选择要进行多重曝光的图像，然后按 **SET OK**，并在确认界面中选择**确定**选项

■ 多重曝光：用于控制是否启用"多重曝光"功能。

■ 多重曝光控制：包括"加法"和"平均"两个选项。选择"加法"选项，每一次拍摄的单张曝光的照片会被叠加在一起。选择"平均"选项，将在每次拍摄单张曝光的照片时，自动控制其背景的曝光，以获得标准的曝光结果。

■ 曝光次数：设置多重曝光拍摄时的曝光次数，可以选择2～9张进行拍摄。

■ 连续多重曝光：设置是否连续多次使用"多重曝光"功能。

■ 选择要多重曝光的图像：允许摄影师从存储卡中选择一张照片，然后再通过拍摄的方式进行多重曝光，而选择的照片也会占用一次曝光次数。

在尼康数码单反相机的"多重曝光"菜单中,可以对"多重曝光模式""拍摄张数""重叠模式""保留所有曝光"4个选项进行设置。

**操作步骤** 尼康数码单反相机多重曝光设置

❶ 选择**照片拍摄**菜单中的**多重曝光**选项

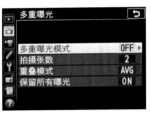

❷ 选择**多重曝光模式**选项

❸ 可选择是否开启此功能,以及是否连续拍摄多组多重曝光照片

❹ 若在步骤❷中选择**拍摄张数**选项,用▲或▼图标设定拍摄张数,然后按**OK确定**

❺ 若在步骤❷中选择**重叠模式**选项,可选择合成多重曝光照片时的算法

❻ 若在步骤❷中选择**保留所有曝光**选项,可选择**开启**或**关闭**选项

■ 多重曝光模式:选择"关闭"选项将关闭此功能;选择"开启(一系列)"选项,则连续拍摄多组多重曝光照片;选择"开启(单张照片)"选项,则拍摄完一组多重曝光照片后,相机会自动关闭"多重曝光"功能。

■ 拍摄张数:设置多重曝光拍摄时的曝光次数,一般选择为2即可。

■ 重叠模式:选择合成多重曝光照片时的算法,选择"叠加"选项,每一次拍摄的单张曝光的照片会被叠加在一起;选择"平均"选项,将在每次拍摄单张曝光的照片时,自动控制其背景的曝光,以获得标准的曝光结果;选择"亮化"选项,会将多次曝光结果中明亮的图像保留在照片中;选择"暗化"选项,效果与"亮化"选项正相反,可以在拍摄时将多重曝光结果中暗调的图像保留下来。

■ 保留所有曝光:选择"开启"选项,可以保存所有拍摄的单张照片;选择"关闭"选项,则删除组成多重曝光的单张照片,而只保存最终合成的多重曝光照片。

第一次拍摄

第二次拍摄

最终合成

⬆ 第一次使用广角焦段拍摄大场景，第二次使用长焦焦段只对天空中的大月亮进行拍摄，但要控制月亮的大小，太大会显得不自然，而太小又失去了多重曝光的意义

多重曝光技术除了可以给风光照片增加画龙点睛的一笔之外，还可以使人像和花卉照片更加柔美。拍摄时按右侧展示的3个步骤操作即可。

❶ 按照上一页的操作方法设置多重曝光相关参数，使用三脚架固定好相机后，拍摄第一张清晰的花卉照片

❷ 在保证相机位置没有发生变化的情况下，拍摄第二张有点模糊的花卉照片（把相机调成手动对焦，旋转对焦环使花卉脱焦）

❸ 最终合成的柔美花卉照片

## 用后期完善前期：模拟多重曝光创意摄影

多重曝光是一种特殊的拍摄手法，其原理是在启用多重曝光功能后，通过连续拍摄多张照片，并由相机自动进行运算，将拍摄的多张照片融合为一张，根据拍摄期间在对焦、曝光、焦距、拍摄对象等因素上的变化，实现多样化的蒙太奇影像。当然，现今的数码处理技术非常强大，也非常普及，在计算机上可以更轻易、便捷地实现多重曝光效果。

详细操作步骤请扫描二维码查看。

↑ 原始素材图

↑ 原始素材图

↑ 处理后的效果图

# 5.11　利用间隔拍摄进行延时摄影

延时摄影又称"定时摄影"，即利用相机的间隔定时器功能，每隔一定的时间拍摄一张照片，最终形成一个完整的照片序列，用这些照片后期生成的视频能够呈现出电视上经常看到的花朵开放、城市变迁、风起云涌的效果。

例如，花蕾的开放约需3天3夜共72小时，但如果每半小时拍摄一个画面，顺序记录其开花的过程，即可拍摄144张照片，当用这些照片生成视频并以正常帧率放映时（每秒24幅），在6秒钟之内即可重现花朵3天3夜的开放过程，能够给人强烈的视觉震撼。延时摄影通常用于拍摄城市风光、自然风景、天文现象、生物演变等题材。

**操作步骤**　佳能数码单反相机间隔定时器设置

❶ 在**拍摄菜单4**中选择**间隔定时器**选项

❷ 选择**启用**选项，然后按 **INFO.详细设置** 进入详细设置界面

❸ 选择间隔时间框或张数框，然后用 ▲ 或 ▼ 图标设定间隔时间及拍摄的张数，设定完成后按**确定**

**操作步骤**　尼康数码单反相机间隔定时器设置

❶ 在**照片拍摄菜单**中选择**间隔拍摄**选项

❷ 选择相关选项，然后进行详细设置

使用数码单反相机进行延时摄影要注意以下几点。

■ 驱动模式需设定为除"自拍"以外的其他模式。

■ 不能使用自动白平衡,而需要通过手调色温的方式设置白平衡。

■ 一定要使用三脚架进行拍摄,否则在最终生成的视频短片中就会出现明显的跳动画面。

■ 将对焦方式切换为手动对焦。

■ 按短片的帧率与播放时长来计算需要拍摄的照片张数,例如,按25fps的帧率拍摄一个播放10秒的视频短片,就需要拍摄250张照片,而在拍摄这些照片时,彼此之间的时间间隔则是可以自定义的,可以是1分钟,也可以是1小时。

■ 为防止从取景器进入的光线干扰曝光,拍摄时需关闭取景器接目镜。

↑ 利用间隔定时器功能记录下了睡莲绽放的过程

# 第6章

影响画面色彩的功能设置

# 6.1 使用白平衡控制画面的色调

数码单反相机提供了9种白平衡设置模式，包括了自动、日光/晴天、闪光灯/使用闪光灯、阴影/背阴、阴天、白炽灯/钨丝类、荧光灯7种机内预设白平衡，以及自定义白平衡、色温调整（2500～10000K）两种可手动调整的白平衡。在通常情况下，使用自动白平衡模式就可以获得不错的效果。但如果在特殊光线条件下，自动白平衡模式有时会不够准确，此时应根据不同的光线条件来选择不同的白平衡模式。

## 使用预设白平衡 | 快速易用的色温选择

以下是使用各种不同预设白平衡拍摄同一场景时得到的结果。

**操作方法** 尼康数码单反相机白平衡设置

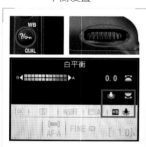

在机身上设置白平衡时，按 **?/On**（WB）按钮，然后转动主指令拨盘，即可选择不同的白平衡模式

**操作方法** 佳能数码单反相机白平衡设置

按 **Q** 按钮显示速控屏幕，使用多功能控制钮 ✤ 选择白平衡选项，然后转动速控转盘或主拨盘选择所需的白平衡模式

↑ 背阴/阴影白平衡：其色温值为7000K，在晴天的阴影中拍摄时，如大树的阴影下，由于其色温较高，使用阴影白平衡模式可以获得较好的色彩还原结果；反之，如果没有使用这个白平衡，则会产生不同程度的蓝色，即所谓的"阴影蓝"

↑ 闪光灯/使用闪光灯白平衡：其色温值为6000K，此白平衡模式针对以闪光灯为主光源的拍摄，能够起到较好的色彩还原结果。注意，不同的闪光灯，其色温也不相同，因此还要做实拍测试，才能确定色彩还原的准确性

↑ 阴天白平衡：其色温值为6000K，适用于云层较厚的天气，或阴天的环境下

↑ 晴天/日光白平衡：其色温值为5200K，适用于空气较为通透或天空有少量薄云的晴天，但如果是在正午时分，环境的色温已经达到5800K，又或者是日出前、日落后，色温仅有3000K左右，此时使用曝光白平衡很难得到正确的色彩还原结果

↑ 白炽灯/钨丝灯白平衡：其色温为3200K，适合拍摄与其对等的色温条件下的场景，而拍摄其他场景则会使画面色调偏蓝，严重影响色彩还原

↑ 荧光灯/白色荧光灯白平衡：其色温值为4000K，色彩偏红，如果拍摄暖色照片，这种模式最适合不过了。但在晴天下使用该模式拍摄，效果则相反

使用阴天或阴影白平衡，可以在夕阳时分拍摄到金色的夕阳效果

50mm ┆ f/13 ┆ 1/400s ┆ ISO 100

## 用荧光灯白平衡获得夕阳时分的蓝紫色调

在夕阳西下时，色温较低，画面呈现暖色调效果，此时使用荧光灯白平衡，可以拍摄出呈现蓝紫色调的画面效果。

← 在夕阳时以荧光灯白平衡拍摄得到的照片

## 用阴天白平衡获得夕阳时分的金色调

在夕阳西下时，色温较低，画面呈现暖色调效果，此时使用阴天白平衡，可以让画面显得更暖，即拍摄出金色夕阳的色调效果。阴天白平衡模式加入了红色进行色调调整，能够把夕阳拍得更加红艳。如果还想要更暖的色调，则可以使用阴影白平衡，得到的色彩会更加浓烈。

➡ 使用阴天白平衡模式，增强了画面的夕阳红效果

## 用后期完善前期：低色温下的金色夕阳效果

在本例中，主要使用"渐变映射"命令，为照片叠加新的色彩，以创建金色夕阳的基本色调，然后再使用"可选颜色"命令创建图层蒙版进行细致的色彩调整，以获得更佳的效果。另外，由于照片亮度有较大的提高，原本昏暗的照片中显露出较多的噪点，因此还使用了"表面模糊"滤镜对其进行修复处理。

详细操作步骤请扫描二维码查看。

⬆ 原始素材图

➡ 处理后的效果图

## 用白炽灯白平衡使阴天变夜景色调

在阴天时进行拍摄，除了可以使用阴天白平衡获得正常的色调外，也可以尝试使用如白炽灯或荧光灯这样的白平衡，获得蓝调的照片效果，并适当降低曝光补偿，使画面整体偏暗，从而形成夜景的冷色调效果。

↑ 使用自动白平衡时，得到的效果非常普通

↑ 阴天使用白炽灯白平衡模式拍摄得到的夜景蓝调效果

55mm ｜ f/11 ｜ 1/25s ｜ ISO 200

## 用白炽灯/荧光灯白平衡获得日景下的清丽蓝调

户外正常的光线下，使用日光白平衡能够得到正常的色调。此时如果将白平衡修改为白炽灯或荧光灯白平衡，或手动调高色温，则可以得到冷调的色彩效果；相反，如果是设置为阴天或闪光灯白平衡，或手动调低色温，则容易得到暖调的色彩效果。

↑ 通过将白平衡设置为荧光灯后拍摄得到的冷调照片效果，适当增加曝光补偿，整体可以给人清爽的感觉

85mm ｜ f/2.2 ｜ 1/800s ｜ ISO 100

## 手动选择色温精确控制画面色彩

在预设的白平衡模式中，预设色温比手动调整的范围要小一些，因此，当需要一些比较极端的效果时，预设的白平衡就显得有些力不从心，此时就可以手动进行调整。

数码单反相机为色温调整白平衡模式提供了2500K～10000K的调整范围，最小的调整幅度为100K，用户可根据实际色温进行精确调整。

**操作方法** 尼康数码单反相机色温设置

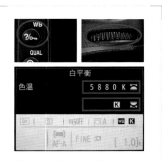

按WB按钮并同时旋转主指令拨盘选择K（选择色温）白平衡模式，再旋转副指令拨盘即可调整色温值

**操作方法** 佳能数码单反相机色温设置

按Q按钮显示速控屏幕，使用多功能控制钮✛选择白平衡选项并按下SET按钮，按◀或▶方向键选择色温选项，然后转动主拨盘✍可调整色温数值，完成调整后按下SET按钮确认

↑ 调整色温值，得到了浓郁的暖色调画面

70mm ┊ f/8 ┊ 1/1600s ┊ ISO 100

有些读者可能会问，既然相机中已经提供了白平衡功能，那么为何又提供手选色温功能呢？

实际上，在上一节的讲解中已经略有提到，即预设的白平衡中，色温最高的白炽灯白平衡对应的色温约为2850K，色温最低的阴影白平衡对应的色温也不过是8500K左右，而手动选择色温的范围更广，佳能系列的相机均支持2500K～10000K的色温选择。

而且手动选择色温还支持以100K为单位进行调整，在还原色彩时能更精确一些。

| 常见环境白平衡一览表 | | | |
| --- | --- | --- | --- |
| 蜡烛及火光 | 1900K以下 | 晴天中午太阳 | 5400K |
| 朝阳及夕阳 | 2000K | 普通日光灯 | 4500～6000（K） |
| 家用钨丝灯 | 2900K | 阴天 | 6000K以上 |
| 日出后一小时阳光 | 3500K | HMI灯 | 5600K |
| 摄影用钨丝灯 | 3200K | 晴天时的阴影下 | 6000～7000（K） |
| 早晨及午后阳光 | 4300K | 水银灯 | 5800K |
| 摄影用石英灯 | 3200K | 雪地 | 7000～8500（K） |
| 平常白昼 | 5000～6000（K） | 电视荧光幕 | 5500～8000（K） |
| 220 V 日光灯 | 3500～4000（K） | 蓝天无云的天空 | 10000K以上 |

## 用后期完善前期：通过调整色温、曝光及色彩制作极暖的唯美画面

要拍摄极暖的画面，往往是设置"阴影"白平衡或手动设置较大的"色温"数值，但有些时候，由于环境中冷调色彩过多，即使用相机内置的最大色温值也无法得到极暖的色彩效果，此时就可以尝试在Camera Raw中进行调整，它可以实现比相机更大的"色温"数值，从而获得更强烈的暖调色彩效果。

详细操作步骤请扫描二维码查看。

↑ 原始素材图

➔ 处理后的效果图

# 用"白平衡偏移/包围"功能获得不同色彩倾向的照片

当使用了某个白平衡或色温后，如果仍然有一定的偏色，则可以通过此功能，增加其补色而消除这种颜色。例如，若画面有些偏蓝（B），则可以增加一些琥珀色（A）进行中和处理。如果是希望画面偏向某种色彩，也可以使用类似的方法增加相应的颜色。

"白平衡偏移/包围"是一种类似于"自动包围设定"的功能，可以根据设置一次性记录3张不同色彩倾向的照片，只不过"白平衡偏移/包围"只需要按一次快门按钮，即可完成3张不同色彩倾向的照片。

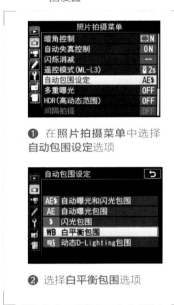

操作步骤 尼康数码单反相机白平衡包围设置

❶ 在照片拍摄菜单中选择自动包围设定选项

❷ 选择白平衡包围选项

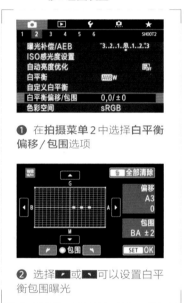

操作步骤 佳能数码单反相机白平衡偏移/包围设置

❶ 在拍摄菜单2中选择白平衡偏移/包围选项

❷ 选择 或 可以设置白平衡包围曝光

↑ 拍摄雪地日出照片时，由于太阳跳出地平线时间较快，没法慢慢地调整白平衡模式，因而使用了"白平衡包围"功能，设置蓝色/琥珀色方向的偏移，以便拍摄完成后挑选色彩效果较好的照片

## 依据环境自定义白平衡

在需要精确获得当前环境下的白平衡时，可以18%的灰板或纯白的对象作为参考来定义白平衡，避免出现画面偏色的现象，正确还原物体的颜色。

尼康和佳能相机自定义白平衡的方法大有不同，下面分别讲解其操作。

### 尼康相机自定义白平衡的方法

尼康 D7500通过拍摄的方式来自定义白平衡的方法如下。

❶ 在机身上将对焦模式开关切换至M（手动对焦）模式，然后将一个中灰色或白色物体放置在用于拍摄最终照片的光线下。

❷ 按下WB按钮，然后转动主指令拨盘选择自定义白平衡模式PRE。旋转副指令拨盘直至显示屏中显示所需白平衡预设（d-1～d-6），如此处选择的是d-1。

❸ 短暂释放WB按钮，然后再次按下该按钮直至控制面板和取景器中的PRE图标开始闪烁，此时即表示可以进行自定义白平衡操作了。

❹ 对准白色参照物并使其充满取景器，然后按下快门按钮拍摄一张照片。

❺ 拍摄完成后，取景器中将显示闪烁的Gd，控制面板中则显示闪烁的Good，表示自定义白平衡已经完成，且已经被应用于相机。

操作步骤 尼康数码单反相机自定义白平衡设置

❶ 切换至手动对焦模式

❷ 切换至自定义白平衡模式

❸ 按住 ?/⊶（WB）按钮

### 提示

在实际拍摄时灵活运用自定义白平衡功能，可使拍摄效果更自然，这要比使用滤镜获得的效果更自然，操作也更方便。但值得注意的是，当曝光不足或曝光过度时，使用自定义白平衡可能无法获得正确的色彩还原。此时控制面板和取景器中将显示NO Gd字样，半按快门按钮可返回步骤❹并再次测量白平衡。在实际拍摄时，如果使用18%灰卡（市面有售）取代白色物体，可以获得更精确的自定义白平衡。

↑ 利用自定义白平衡拍摄出理想的夕阳画面，强烈的冷暖对比使画面产生了强烈的视觉冲击力

20mm ┊ f/7.1 ┊ 1/400s ┊ ISO 100

## 佳能相机自定义白平衡的方法

在佳能 EOS 80D 中自定义白平衡的操作步骤如下。

❶ 在镜头上将对焦方式切换至 MF（手动对焦）方式。

❷ 找到一个白色物体，然后半按快门按钮对白色物体进行测光（此时无须顾虑是否对焦的问题），且要保证白色物体充满中央的点测光圆（即中央对焦点所在位置的周围），然后按下快门按钮拍摄一张照片。

❸ 在"拍摄菜单 2"中选择"自定义白平衡"选项。

❹ 此时将要求选择一幅图像作为自定义的依据，选择第 2 步拍摄的照片并确定即可。

❺ 要使用自定义的白平衡，在"白平衡"菜单中选择"用户自定义"选项即可。

↑ 在室内拍摄时，为纠正偏色的现象，使用了自定义白平衡模式，拍摄出来的画面颜色还原正常

45mm ┃ f/9 ┃ 1/250s ┃ ISO 100

**操作步骤** 佳能数码单反相机自定义白平衡设置

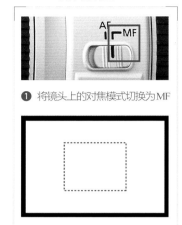

❶ 将镜头上的对焦模式切换为 MF

❷ 对白色对象进行测光并拍摄

❸ 在**拍摄菜单** 2 中选择**自定义白平衡**选项

❹ 选择一幅图像作为自定义的依据，然后选择屏幕上的 SET 图标确认

❺ 若要使用自定义的白平衡，选择**用户自定义**选项即可

# 6.2 设置照片风格

## 根据题材选择相应的预设照片风格

不同的照片风格，适合不同的拍摄主题，可以获得不同的图像效果。比如在拍摄人像时使用人像风格，该风格将锐度降低，从而可以让人物的皮肤看起来更加柔滑，而在风光风格下，则提高了照片的锐度，让画面中的细节更丰富。佳能数码单反相机的照片风格包括自动、标准、人像、风光、精致细节、中性、可靠设置、单色等8个选项。在尼康数码单反相机中，该功能名称为"设定优化校准"，包含自动、标准、自然、鲜艳、单色、人像、风景和平面8个选项。

| 佳能相机各种照片风格的作用简介 | |
|---|---|
| 自动 | 使用此风格拍摄时，色调将自动调节为适合拍摄场景，尤其是拍摄蓝天、绿色植物以及自然界的日出和日落场景时，色彩会显得更加生动 |
| 标准 | 最常用的照片风格，在该模式下拍摄的照片清晰，色彩鲜艳、明快 |
| 人像 | 使用人像模式拍摄，会使照片中的人物皮肤更加柔和、细腻 |
| 风光 | 适合拍摄风光照片，对画面中的蓝色和绿色有非常好的表现 |
| 精致细节 | 此风格会将拍摄对象的详细轮廓和细腻纹理表现出来，颜色会略微鲜明 |
| 中性 | 适合偏爱计算机图像处理的用户，使用该模式拍摄的照片色彩较为柔和、自然 |
| 可靠设置 | 适合偏爱计算机图像处理的用户，当在5200K色温下拍摄时，相机会根据主体颜色调节色度 |
| 单色 | 使用此风格可拍摄黑白或单色的照片 |

以下是使用不同照片风格拍摄同一景物时的效果对比。

↑ 标准风格

↑ 人像风格

↑ 风光风格

↑ 中性风格

↑ 可靠设置风格

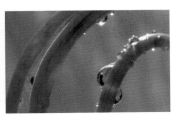
↑ 单色风格

# 修改预设的照片风格参数

在前面讲解的预设照片风格中，用户可以根据需要修改其中的参数，以满足个性化的需求。在选择某一种照片风格后，按下机身上的INFO.即可进入其详细设置界面。

操作步骤 佳能数码单反相机照片风格设置

  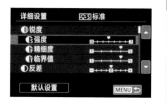

❶ 在**拍摄菜单**3中选择**照片风格**选项

❷ 选择要修改的照片风格，然后按INFO.**详细设置**图标

❸ 选择要编辑的参数选项，此处以选择**强度**选项为例

 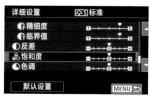

❹ 进入参数的编辑状态，选择◀或▶调整强度的数值，然后按SET OK图标确认

❺ 可依次修改其他选项，设置完成后按MENU图标保存已修改的参数即可

操作步骤 尼康数码单反相机设定优化校准设置

❶ 选择**照片拍摄菜单**中的**设定优化校准**选项

❷ 选择预设的优化校准选项

❸ 选择要编辑的优化校准参数，利用滑块可调整参数的具体数值，然后按OK确定图标确定

下面以佳能80D相机为例，讲解一下各个参数的释义。

■ 锐度：控制图像的锐度。在"强度"选项中，向0端靠近则降低锐化的强度，图像变得越来越模糊；向7端靠近则提高锐度，图像变得越来越清晰。在"精细度"选项中，可以设定强调轮廓的精细度，数值越小，要强调的轮廓越精细。在"临界值"选项中，根据拍摄对象和周围区域之间反差的差异设定强调轮廓的程度，该数值越小，当反差较低时越强调轮廓，但是当该数值较小时，使用高ISO感光度拍摄的画面噪点会比较明显。

↑ 设置"锐化"参数前后的效果对比

■ 反差：控制图像的反差及色彩的鲜艳程度。向■端靠近则降低反差，图像变得越来越柔和；向■端靠近则提高反差，图像变得越来越明快。

↑ 设置反差前（+0）后（+3）的效果对比

■ 饱和度：控制色彩的鲜艳程度。向■端靠近则降低饱和度，色彩变得越来越淡；向■端靠近则提高饱和度，色彩变得越来越艳。

↑ 设置饱和度前（+0）后（+3）的效果对比

■ 色调：控制画面色调的偏向。越向▬端靠近则越偏向于红色调；越向❶端靠近则越偏向于黄色调。

↑ 向左增加黄色调与向右增加红色调前后的效果对比

值得一提的是，在"单色"风格下，还可以选择不同的滤镜及色调效果，从而拍摄出更有特色的黑白或单色照片效果。

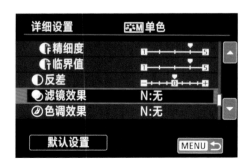

↑ "单色"风格下的滤镜及色调效果设置（左为佳能相机示例，右为尼康相机示例）

## 用后期完善前期：制作层次丰富细腻的黑白照片

在本例中，主要是先使用"黑白"调整图层初步将照片整体处理为黑白色；然后使用"阴影/高光"命令对暗部细节进行优化显示；最后，也是最重要的问题，本例将利用中性灰图层，结合加深工具与减淡工具，细致地对照片中的细节明暗进行优化处理，以制作得到层次丰富且细腻的黑白照片。

详细操作步骤请扫描二维码查看。

↑ 原始素材图

→ 处理后的效果图

## 用后期完善前期：用相机校准功能改变照片优化校准效果

在本例中，首先是利用"基本"选项卡中的参数对照片整体的曝光及色彩进行初步的润饰；然后在"相机校准"选项卡中，通过选择相机校准预设，分别调整不同的滑块参数，从而改善照片中的蓝色天空与绿色的地面。

详细操作步骤请扫描二维码查看。

↑ 原始素材图

→ 处理后的效果图

## 注册照片风格

在佳能数码单反相机中注册照片风格，即指对相机提供的 3 个用户定义的照片风格，依据现有的预设风格进行修改，从而得到用户自己创建、编辑，能满足个性化需求的照片风格。

 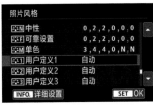 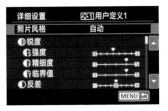

❶ 在**拍摄菜单** 3 中选择**照片风格**选项

❷ 选择**用户定义** 1 ~ **用户定义** 3 中的一个选项，然后按 **INFO. 详细设置**图标

❸ 选择**照片风格**选项，然后进入风格选择界面

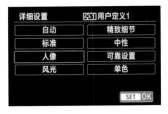 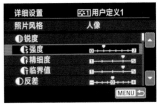 

❹ 选择一种照片风格为基础进行自定义照片风格，然后按 **SET OK** 图标确认

❺ 在此界面中，选择要自定义修改的参数

❻ 按◀或▶按钮修改选定的参数，然后按 **SET OK** 图标确认对该参数的修改

↑ 注册自定义照片风格后，在拍摄时就不需要再做参数调整了，直接选择该自定义照片风格即可

18mm ┊ f/9 ┊ 1/320s ┊ ISO 200

在尼康数码单反相机中通过"管理优化校准"菜单进行自定义优化校准的设置。

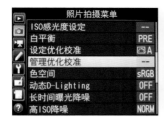  

❶ 在**照片拍摄菜单**中选择**管理优化校准**选项

❷ 选择**保存/编辑**选项

❸ 选择一个优化校准选项

❹ 在此界面中,选择要自定义修改的参数,然后按 OK确定 确认

❺ 选择要保存的序号

❻ 选择字母或数字进行命名,然后按 OK确定 确认对该参数的修改

↑ 先注册好优化校准选项,然后在拍摄时直接使用即可,可以免去调整的操作

200mm ┆ f/8 ┆ 1/500s ┆ ISO 100

第 7 章

色彩的运用

# 7.1 色彩的来历

## 色相

    各类色彩的相貌就叫色相，如普蓝、柠檬黄、大红等。色相是色彩的首要特征，是区别各种不同色彩的最准确的标准。色相之间的差别是由光波波长的长短不同产生的，所以即便是同一类颜色，也能分为几种色相，如黄颜色可以分为柠檬黄、土黄等。

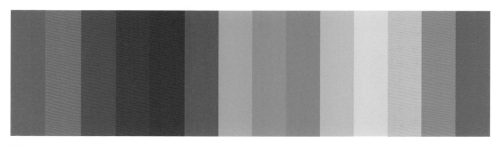

↑ 色相示意图

## 用后期完善前期：将黄绿色树叶调整成为金黄色

    在本例中，主要是使用"亮度/对比度"命令调整照片的整体曝光与对比，然后结合"自然饱和度"与"可选颜色"命令，润饰照片整体及各部分的色彩。在选片时，可选择带有较大面积黄色叶子的树林，若能有天空或雪山等元素作为对比则更佳。

    详细操作步骤请扫描二维码查看。

↑ 原始素材图

➡ 处理后的效果图

## 饱和度

　　饱和度也称色彩的纯度，是指色彩的鲜艳程度。饱和度取决于该色中含色成分和消色成分（灰色）的比例。原色的饱和度最高，含色成分越大，饱和度越大；消色成分越大，饱和度越小。

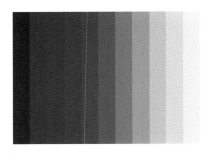

↑ 色彩饱和度示意图

↑ 模特身穿饱和度极高的蓝色连衣裙，显得很高雅，很睿智

85mm ┊ f/13 ┊ 1/60s ┊ ISO 200

↑ 模特处于浅蓝色的游泳池内，身穿浅蓝色的泳衣，颜色饱和度低，整幅画面显得很宁静，很安逸

100mm ┊ f/3.5 ┊ 1/250s ┊ ISO 250

## 用后期完善前期：润饰色彩平淡的照片

在本例中，将主要使用"色阶"和"自然饱和度"调整图层，通过调整照片曝光以及饱和度，润饰其原本灰暗的色彩。由于照片中存在人物，因此还需要结合图层蒙版功能对人物皮肤的调整进行适当的弱化处理，以免皮肤颜色显得怪异。

详细操作步骤请扫描二维码查看。

↑ 原始素材图

→ 处理后的效果图

## 明度

明度就是颜色的亮度，不同的颜色具有不同的明度，黄色明度最高。即便是在同一色相的明度中，也存在深浅的变化，比如同样是蓝色，有普蓝、天蓝等。

← 明度很高的黄色，使得画面显得很明快，被逆光照射的向日葵显得更加生动

200mm ┆ f/4 ┆ 1/400s ┆ ISO 100

## 7.2　色彩的认识

### 色彩的三原色

　　我们看到自然界有不同的颜色，是由于光的作用。我们的眼睛和大脑把可见光按不同的波长分为红、橘、黄、绿、青、蓝、紫不同颜色的光谱。黄与青两个颜色的互相转换，把整个光谱分为红、绿、蓝3个色段，它们称为光谱中的3个主要色，也叫三原色。

　　在光学中，蓝、绿、红三原色又称"RGB"。白光就是由这三原色组成的。光学中的三原色和绘画中的三原色是不一样的，光学中的三原色可以利用补色来平衡画面色彩。

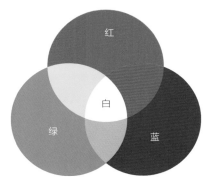

↑ 红绿蓝三原色示意图

↑ 此张照片的主体颜色就是红绿蓝三原色，这样的颜色构成，使整幅画面色彩鲜艳，给观者眼前一亮的感觉

35mm ┊ f/16 ┊ 1/125s ┊ ISO 200

## 色彩的三补色

每一种原色都有一种补色，蓝色的补色就是黄色，绿色的补色就是品红色，红色的补色就是青色。利用互补色的原理可以将画面影像还原到自然光下的色彩。

当两种色光合在一起产生白光时，这两种色光称为互补，它们各自成为对方的补色。所以青、品红、黄这些颜色叫做补色。

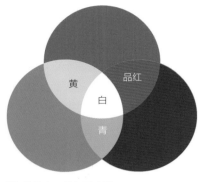

↑ 黄品青三补色示意图

## 色彩的对比

对比主要分为暖色与冷色两类。冷色有绿、蓝、青等色，暖色有红、黄、橘等色。冷色给人较强的收缩、安静的感觉，而暖色则给人有扩张、热烈的感觉，两者有着鲜明的对比。也正是利用此对比手法，可以更好地突出画面的主体，营造画面气氛。

当不同的色彩互相配置在一起时，有些色彩之间具有强烈的对比效果，如红和青、黄和蓝、绿和品红，它们之间的对比效果是鲜明的，给人一种强烈的色彩跳动感。这是因为人眼在观看这两种波长明显不同的色光时，要迅速从这一种波长调整到那一种波长，由此产生一种色彩间的跳跃感和强烈的对比感受。

← 这张照片就是运用了色彩对比的方法，红与绿、暖和冷的对比使画面看起来很生动，更有情趣

85mm ┊ f/1.8 ┊ 1/2500s ┊ ISO 100

## 色彩的和谐

有些色彩放置在一起，如红、橘、橘黄、蓝、青、蓝绿，红、品、红紫、绿、黄绿、黄等色彩相互配合，由于它们反射的色光波长比较接近，不会明显引起视觉上的跳跃，能够给人以和谐、安宁的画面气氛，让人感觉舒服。所以它们相互配置在一起并没有强烈的视觉对比效果，而是显得和谐与协调，看上去使人感到平缓与舒展。

→ 利用和谐的色彩搭配，给观者舒服、安静的视觉享受

20mm ┆ f/11 ┆ 2s ┆ ISO 200

## 用后期完善前期：将昏暗的雨天照片调出色彩氛围

本例主要是利用Camera Raw的"基本"选项卡中的参数，对照片的曝光及色彩进行润饰。由于原照片非常灰暗，层次模糊，因此本例首先对其对比度进行调整，然后再通过色温及色调的调整，使画面获得恰当的色彩，最后再为照片增加暗角，以突显照片的意境。

详细操作步骤请扫描二维码查看。

↑ 原始素材图

→ 处理后的效果图

# 7.3 色彩的性格

色彩的性格是指每一种颜色都有自己独特的个性，而其每种性格发挥得是否充分，会直接影响画面的整体基调。因此，如何利用色彩的性格来突显画面的主题和表现个人的情感，是摄影师必须掌握的基本功。

## 热烈的红色

红色是类似于新鲜血液的颜色，是三原色和心理原色之一。红色代表热情、奔放、欢快、前进等比较热烈的情感。不论在电影中，还是平常生活中，红色都是人们钟爱的颜色，当然摄影也不例外。红色能给人一种强烈的视觉冲击力，而这种颜色的表达，大多数是通过实实在在的拍摄对象的颜色或某种特效灯光，或者是自然光线呈现的。

↑ 在红色为主色调的情况下，画面显得很喜庆、热烈

50mm ｜ f/5.6 ｜ 1/250s ｜ ISO 100

## 用后期完善前期：淡彩红褐色调

本例制作的淡彩红褐色调效果，在视觉上较为中性，不会明显偏向于某种感情色彩，因此可广泛应用于各种主题的人像照片中，如活泼、忧郁、安静等主题的照片均可。

详细操作步骤请扫描二维码查看。

↑ 原始素材图

→ 处理后的效果图

## 温暖的橘色

橘色是界于红色和黄色之间的混合色，又称橘黄色或橙色。在自然界中，鲜花、果实、霞光、灯彩等都有丰富的橘色。橘色具有明亮、华丽、健康、兴奋、温暖、欢乐、辉煌，以及容易动人的色感。橘色是欢快活泼的光辉色彩，是暖色系中最温暖的颜色。

➡ 夕阳的余晖洒在沙滩，摄影师用橘色滤镜增加了画面中橘色的成分，使画面显得很温暖、舒适

| 70mm | f/8 | 1/500s | ISO 100 |

## 用后期完善前期：甜美清新的阿宝色

"阿宝色"其实是一种色调的名称，是由一位名为阿宝的摄影师所创的一种特别的照片色彩效果。这种色彩效果的主要特点是橘色的肤色和偏青色的背景色调，整体的视觉效果非常清新、唯美，因而得到大家的喜爱。

在本例中，首先要将照片转换为 Lab 颜色模式，然后再通过将其中的 a 通道复制到 b 通道中，初步得到阿宝色效果。之后，配合"色阶"命令以及"亮度/对比度"调整图层等功能，对整体的曝光及色彩进行细致的美化处理。

详细操作步骤请扫描二维码查看。

➡ 原始素材图（左图）

➡ 处理后的效果图（右图）

## 明亮的黄色

黄色是一种明度极高的颜色，在众多的色彩中，它最为明亮，所以很多时候黄色多用于警告色使用。黄色有着天真、浪漫、娇嫩的感觉，而且黄色明快活泼，也会有生机勃勃的感觉。

↑ 摄影师截取花朵的黄色花蕊部分进行拍摄，画面明快且充满生机

180mm ┆ f/3.5 ┆ 1/320s ┆ ISO 200

## 希望的绿色

绿色是自然界中常见的颜色，是在光谱中介于蓝与黄之间的那种颜色。绿色是光的三基色之一。绿色代表活力和生机。提到绿色，人们总会想到绿叶、绿草等具有旺盛生命力的物体。在摄影作品中，绿叶总是被当做红花的陪衬体，或是作为背景出现。其实，当对绿色物体进行单独表现时，它会给人们展示另一种独特的美感与生机。

↑ 绿绿的叶子上几滴露珠作为衬托，加上虚化的绿色背景，使整幅画面显得充满生机与活力

50mm ┆ f/3.2 ┆ 1/500s ┆ ISO 100

## 庄重的青色

　　青色是在可见光谱中介于绿色和蓝色之间的颜色。青是一种底色，清脆而不张扬，伶俐而不圆滑。"青色"在文字描述上常无法确切表达肉眼所见的效果。如果一种颜色让你分不清是蓝色还是绿色，那就是青色了，因为青色就是介于蓝色与绿色之间的颜色。

↑ 画面以泳池为背景，大面积色调呈现青色调，显得很清爽、舒服

24mm ┊ f/2.8 ┊ 1/8000s ┊ ISO 200

## 宁静的蓝色

　　蓝色是永恒的象征，它的种类繁多，每一种蓝色又代表着不同的含义。蓝色非常纯净，通常让人联想到海洋、天空、水、宇宙。纯净的蓝色表现出一种美丽、冷静、理智、安详与广阔。碧蓝是最冷的色彩。

　　由于蓝色沉稳的特性，所以蓝色具有理智、准确的意象。另外，蓝色也代表忧郁。在摄影中，蓝色也会给画面增添宁静的感觉。

→ 画面整体色调为蓝色，蓝色的云层、蓝色的水面，就连悉尼歌剧院也被染上了蓝色，给观者以宁静之感

28mm ┊ f/13 ┊ 5s ┊ ISO 100

## 神秘的紫色

紫色是由温暖的红色和冷静的蓝色化合而成，是极佳的刺激色。在中国传统里，紫色是尊贵的颜色，如北京故宫又称为"紫禁城"，亦有所谓"紫气东来"之说。紫色，是高贵神秘、略带忧郁的颜色，代表优雅、高贵、魅力、神秘。

晚霞映红的天空及水面，加上使用钨丝灯白平衡，使画面呈现出优雅且富有魅力的紫色效果

35mm ┆ f/20 ┆ 8s ┆ ISO 100

## 用后期完善前期：唯美紫色调日出效果

在本例中，首先是使用"自然饱和度"调整图层初步美化整体的色彩；然后结合"曲线"调整图层及图层蒙版等功能，对水面及天空高光的色彩进行局部美化；最后结合"亮度/对比度"及"阴影/高光"等功能，对细节进行优化。

详细操作步骤请扫描二维码查看。

↑ 原始素材图

→ 处理后的效果图

## 7.4 色彩的价值

### 让色彩作为主题

想拍出出色的照片，最有效的方法就是运用好色彩，让色彩作为创作的关键因素，以色彩为主题。每一张照片都要有其颜色特点，要是再引入一些有质感的图案之类，那就可以更好地突出画面，吸引视线了。

很多色彩，在摄影中可以作为画面的主题来运用。因为色彩是有"感情"的，不同的色彩可以传达出不一样的情感。

↑ 整幅画面使用了大片的蓝色，天空中出现一团黄色的雷云，是照片的亮点，它使画面更加富有韵味，色彩更加丰富

| 15mm | f/10 | 125s | ISO 400 |

## 用色彩表现浓艳

运用重彩设计，用高纯度、鲜艳的色彩去构成画面，可使观者受到强烈的视觉刺激，从而能留下深刻的色彩印象。

◀ 选择高纯度的色彩来构成画面，鲜艳的色彩给观者一种浓艳的感觉

105mm ┊ f/5 ┊ 1/400s ┊ ISO 600

## 用色彩表现简洁 ┊ 用色彩简化元素

当你拿着相机对着五彩缤纷的景物时，一张主题明确、色调统一、简洁的照片会比一张色彩复杂的照片影响力更大一些。大面积的色块，可以起到简化画面背景的作用，让主体更加突出。所以在拍摄时，一定要清楚这张照片想表达的主体是什么，什么东西可以丰富画面，什么东西会损害兴趣中心，要懂得取舍。

◀ 将杂乱的背景用大光圈长焦距进行了虚化，形成了统一的绿色背景，简化了画面，突出了主体蝴蝶

300mm ┊ f/2.8 ┊ 1/250s ┊ ISO 100

# 7.5 色彩的搭配技巧

## 冷暖相称

　　所谓的色彩冷暖并不是色彩本身的温度，色彩本身是没有温度的，那都是人们联想出来给色彩赋予了温度，这就是色彩的感觉性。一般来讲，在一个画面里暖色会给人向前的感觉，冷色则有后退的感觉，这两者结合在一起就会有纵深的感觉。

　　红色、橘红色、橘色、橘黄色、黄色等，可以使人联想到火焰、日出、灼热的金属，使人们感到温暖、醒目、热情、光明、喜悦、活力等，称之为"暖色"。蓝色、青色、蓝青色等，能使人联想到流水、碧空、雪野、严冬，使人们感到寒冷、凉爽、收缩等，称做"冷色"。冷暖相衬，给人一种强烈的对比感。

➡ 前景如仙境的海较冷，而远景的天空较暖，给观者较强的空间感

60mm ┊ f/9 ┊ 130s ┊ ISO 100

## 用后期完善前期：通过色温与 HSL 调整出夕阳雪景的冷暖对比效果

　　在本例中，首先是通过设置色彩的饱和度及白平衡等属性，以确定照片色彩的基调，然后再结合渐变滤镜工具 ▣、调整画笔工具 ✎ 等，对照片各部分进行分别的处理，从而实现冷暖对比效果。

　　详细操作步骤请扫描二维码查看。

⬆ 原始素材图

➡ 处理后的效果图

## 对比鲜明

颜色对比，除了冷暖对比和互补色对比以外，还有利用明度进行对比。一般情况下，我们会选择利用色彩的亮度和饱和度来达到夺目突出的效果。这些都是色彩相配的表现形式，因为在颜色相配时，颜色之间会互相影响色彩的注目性，在两种色彩的情况下，色彩亮度对比越强，饱和度越强，则夺目性就越强。

➡ 身穿红色背带裤的小宝宝，与身后绿色的背景形成鲜明的颜色对比，因为宝宝身上的红色饱和度较高，且绿色是作为背景出现的，所以在红色和绿色的抢夺中，红色获胜。因此可爱的宝宝也显得更加突出

| 85mm | f/3.2 | 1/320s | ISO 100 |

## 基调明确

色彩的基调，是指照片上占支配地位的调子，也就是它的主调。

从色彩的冷暖性质上来分，基调可以有暖调、冷调。

暖色调能够给人积极、热闹、热烈、奔放、温暖的感觉，其多由物体本身所具有的颜色及特殊光线效果形成，适合于表现感情温暖的题材。冷色调给人一种安静、稳定、平和、寒冷的感觉，适合于表现冷静、睿智的感觉。

⬅ 以绿色作为基调，给人一种自然、轻灵、清新的感受

| 50mm | f/1.2 | 1/3200s | ISO 100 |

## 色不过三

　　在摄影画面中，对于色彩的运用，应该掌握其方法，不可以乱用颜色。这里说到的选色要简明，是指一幅画面中用色不要太多，用一两种就可以了，只要色彩构成有特点，就容易收到明显的感人效果。但是简明并不意味着用色绝对不能多，只要做到色彩搭配有特点，多用几种颜色也是可以的，关键就是色彩不能乱。

➡ 以白色作为主色，配以简单的绿色，更突出一种圣洁、自然、安逸的感受

| 17mm | f/11 | 1/200s | ISO 200 |

↑ 运用绿色的背景衬托红色的花朵，画面色彩显得有秩序，不杂乱

| 100mm | f/4.5 | 1/80s | ISO 100 |

# 7.6　色彩在不同环境的表现

色彩也是用光表现出来的，在不同的光影下就会有不同的色彩感觉，知道了它们的关系并将其加以利用，可使画面更加完美夺目。

## 雾天的色彩表现

大雾天，光线属于漫射光线。这时候，阳光减弱，拍摄对象周围的散射光很强，景物的色彩变得柔和，色彩的纯度降低。在大雾时，景物几乎变为单色的。在这种情况下，雾的本身就成了风景的重要组成部分。这种天气里景物所表现出来的柔和色调，有利于强调出拍摄场景的空间距离来。拍摄对象离观者越远，显得越柔和明亮，色彩的纯度越低，而且往青蓝色调转化。

大雾可使背景的距离被推远，影调变亮，并掩盖其细节，使照片的构图主次分明，更为简练。高调的色彩表现手法也是常被摄影师所用的，整个画面呈浅灰白色，形成素雅的高调气氛。一般情况下在拍这种照片的时候，摄影师都会增加曝光，在正常曝光的基础上再加0.5～1挡曝光，让主体和背景都稍加曝光过度，以营造高调的画面效果。

↑ 大雾环境下，一些杂乱的细节被掩盖，画面显得很简洁，意境很美

200mm ┊ f/4.5 ┊ 1/400s ┊ ISO 100

## 清晨下的色彩表现

　　清晨的阳光让人有一种苏醒的感觉，当它透过大气中的水汽，使光线变得柔和、温暖的时候，又会给人一种和谐、安静的心理感受。

　　清晨的色彩有很微妙的变化，它以蓝青色调为主，又加上受到阳光照射的部分先露出的品红色，使画面具有和谐、生动的色彩效果。

↑ 清晨薄曦中的湖面，比以往显得更加宁静、和谐，整幅画面带给人们一种清新的感觉

| 125mm | f/5.6 | 1/500s | ISO 100 |

## 夕阳下的色彩表现

　　夕阳刚刚落下，还有余辉照射天空，透过云层形成的漫反射照红了整个天空，如果再采用逆光拍摄，就可以更强化主体的立体感了。但一定要把握好画面中的亮部和暗部的对比不要过强，如果需要可以利用中灰渐变镜来获得画面平衡。

↑ 在夕阳余晖的渲染下得到的逆光效果。画面色彩绚丽，层次丰富，平静的画面也对应着色彩，使整幅画面颜色统一和谐，景色迷人

| 18mm | f/8 | 2s | ISO 200 |

第8章

光线的基本类型及特性

# 8.1　光线的类型

## 自然光

　　自然光是指日光、月光、天体光等天然光源发出的光线。自然光具有多变性，其造型效果会随着时间的改变而发生变化，主要表现在自然光的强度和方向等方面。

　　由于自然光是人们最熟悉的光线环境，所以在自然光下拍摄的人像照片会让观者感到非常自然、真实。但是，自然光不受人的控制，摄影师只能根据现场条件去适应。

　　虽然自然光不能从光的源头进行控制，但通过寻找物体遮挡或者寻找阴影处使用反射后的自然光，都是改变现有自然光条件的有效方法。风景、人像等多种题材均可以采用自然光拍摄，以表现其真实感。

↑ 拍摄自然光下的风光照片时，虽然不能人工为大山、树木补光，但可以通过拍摄时间、拍摄角度、光线位置等来控制光线在画面中的表现

35mm ┊ f/14 ┊ 1/250s ┊ ISO 200

## 人造光

　　人造光是指按照拍摄者的创作意图及艺术构思由照明器械所产生的光线，是一种使用单一或多光源分工照明完成统一光线造型任务的用光手段。

　　人造光的特征是，可以根据创作需要随时改变光线的投射方向、角度和强度等。使用人造光可以鲜明地塑造拍摄对象的形象，表现其立体形态及表面的纹理、质感，展示拍摄对象微妙的内心世界和本质，真切地反映拍摄者的思想情感和创作意图，体现环境特征、时间、现场气氛等，再现生活中某种特定光线的照明效果，从而形成光线的语言。

　　人造光在摄影中的应用十分广泛，如婚纱摄影、广告摄影、人像摄影、静物摄影等。

← 在灰色背景的衬托下，身着黑色衣服的模特营造出了一种暗调的氛围，侧面灯光照亮了模特，使其面部变得体，而斜后上方的灯光照亮了头发，展现出漂亮的发色

50mm ┆ f/5.6 ┆ 1/160s ┆ ISO 200

## 现场光

    现场光是指在拍摄场景中存在的光线，不包括户外日光和拍摄者配置的人造光。复杂是现场光的重要特征，尤其是城市中的各类光源，会使拍摄场景的光线效果看上去复杂、缭乱。但利用现场光拍摄的照片看上去极其自然，具有真实感。

    要注意的是，现场光通常在局部位置非常亮，而在其他位置又相对很暗，因此在拍摄时，建议使用M挡全手动模式，以一定的曝光组合进行拍摄，兼顾场景中较亮区域与较暗区域的细节，以免强烈的局部光源对整体的测光结果产生严重的影响，导致拍摄出的照片出现曝光过度等问题。舞蹈、演唱会等类型的拍摄题材，均可以采用现场光拍摄以还原现场气氛。

↑ 利用长时间曝光记录下夜间的景象，并将喷泉表现为水雾状，在没有全黑的天空衬托下，画面很有美感

135mm | f/9 | 6s | ISO 800

## 混合光

混合光是指人造光、自然光、现场光的混合光线，其中人造光主要用于为拍摄对象补光，而自然光或现场光则是为了保留画面的现场感，不会给人以主体被剥离在画面以外的感觉。

例如，在室内现场光源（如荧光灯）下，光线可能不够充足，此时最常用的方法就是使用闪光灯进行补光，即通过现场光与人造光的混合应用来照亮主体。需要注意的是，使用闪光灯时，通过降低它的输出功率来减弱闪光灯的强度，也能达到使室内、室外的色温基本一致的目的，不过拍摄结果会让室内环境微微偏色。人像、静物、微距等题材常采用混合光拍摄。

◄ 在室外拍摄时，使用反光板可减弱顶光照射产生的阴影，并提亮模特的面部，将其皮肤表现得更加白皙

135mm ┊ f/2.8 ┊ 1/500s ┊ ISO 100

# 8.2 不同方向光线的特点

## 顺光

　　顺光也叫作"正面光"，指的是投射方向和拍摄方向相同的光线。在这样的光线照射下，拍摄对象受光均匀，景物没有大面积的阴影，色彩饱和，能表现出丰富的色彩效果。但由于没有明显的明暗反差，所以对于层次和立体感的表现较差。但用顺光拍摄女性、儿童人像题材时，可以将其娇嫩的皮肤表现得很好。

➡ 在顺光的照射下，可以看出模特脸上没有明显的阴影，模特的皮肤被表现得更加白皙

85mm ┆ f/2.8 ┆ 1/100s ┆ ISO 100

## 侧光

　　侧光是摄影中最常用的一种光线，侧光光线的投射方向与拍摄方向所成的夹角大于0°而小于90°。采用侧光拍摄时，拍摄对象的明暗反差、立体感、色彩还原、影调层次都有较好的表现。其中又以45°角的侧光最符合人们的视觉习惯，因此是一种最常用的光位。侧光很适合表现山脉、建筑、人像的立体感。

➡ 侧光下的建筑物不仅立体感很强，其结构特征也很突出，画面看起来很有形式美感

35mm ┆ f/10 ┆ 1/500s ┆ ISO 100

## 前侧光

前侧光是指投射方向与镜头光轴方向呈水平45°左右角度的光线。在前侧光的照射下，拍摄对象的整体影调较为明亮，但相对顺光光线照射而言，其亮度较小，拍摄对象部分受光，且有少量的投影，对于其立体感的呈现较为有利，也有利于使拍摄对象形成较好的明暗关系，并能较好地表现出其表面结构和纹理的质感。使用前侧光拍摄人像或风光照片时，可使画面看起来很有立体感。

↑ 采用前侧光拍摄人像，光线会使人物面部形成适当的明暗反差，起到了增强模特面部立体感的作用，使画面的立体效果更加突出

80mm ┊ f/5 ┊ 1/400s ┊ ISO 200

## 逆光

逆光也叫背光，即光线照射方向与拍摄方向正好相反，因为能勾勒出拍摄对象的亮度轮廓，所以又被称为轮廓光。逆光常用来表现人像（拍摄时通常需要补光）、山脉、建筑的剪影效果，采用这种光线拍摄有毛发或有半透明羽翼的昆虫时，能够形成好看的轮廓光，从而将拍摄对象很好地衬托出来。

↑ 采用逆光拍摄火烈鸟时，对着天空较亮处测光，可将地面的景物呈现为剪影效果，画面简洁、明朗且富有艺术美感

70mm ┊ f/7.1 ┊ 1/1000s ┊ ISO 125

## 侧逆光

　　侧逆光是指光线投射方向与镜头光轴方向呈水平135°左右角度的光线。由于采用侧逆光拍摄时无须直视光源，因此摄影师可以集中精力考虑如何避免眩光的出现，曝光控制也更容易一些。同时，在侧逆光照射下形成的投影形态也是画面构图的重要视觉元素之一。

　　投影的长短不仅可以表现时间概念，还可以强化空间立体感并均衡画面。在侧逆光照射之下，景象往往会形成偏暗的影调效果，多用于强调拍摄对象外部轮廓的形态，同时也是表现物体立体感的理想光线。侧逆光常用来表现人像（拍摄时通常需要补光）、山脉、建筑等题材的轮廓。

→ 在暖暖的侧逆光笼罩下，
画面呈现出温馨的暖色调，
将模特漂亮的直发表现得更
加好看

85mm ┊ f/2.8 ┊ 1/400s ┊ ISO 200

## 顶光

顶光是指照射光线来自于拍摄对象的上方，与拍摄方向成90°左右角度的光线，是戏剧用光的一种，在摄影中单独使用的情况不多。尤其在拍摄人像时，会在拍摄对象的眉弓、鼻底及下颌等处形成明显的阴影，不利于表现拍摄对象的美感。但如果拍摄时光源并非在其正上方，而是偏离中轴一定的距离，则可以形成照亮头发的顶光，通过补光也可以拍摄出不错的人像作品。顶光还可用来表现树冠和圆形建筑物的立体感。

→ 顶光下的沙滩画面，排列有序的凉棚与地面上的阴影构成了有趣的画面

70mm ┊ f/8 ┊ 1/1000s ┊ ISO 100

## 底光

"底光"即来自拍摄对象下方的光线，又被称为"脚光"，一般分为平射底光和仰射底光。在拍摄人像时，底光可以营造出独特的视觉效果，使画面产生阴森、恐怖的视觉感受，因此底光常被称为"鬼光"。

↑ 昏黄的路灯照亮了建筑物的下面，而上面没有照到光的部分则处于暗部，营造出了独特的底光视觉效果

24mm ┊ f/9.5 ┊ 2s ┊ ISO 200

# 8.3 光线的不同照射方式

## 刚而有力的直射光

直射光源是直接从发光源投射到拍摄对象的光源。由于这种光源直接照射拍摄对象，所以光线让人感到非常刚硬，并且光源在投射的过程中不会有任何的损失，光线也很有力。这种光线既明亮又强烈，明暗反差特别明显，但是景物的反光和环境的反光也会很强。它并不只是单指顶光，还会包括顺光、侧光、逆光等各种光线，但从习惯上，人们都把强烈的阳光称为直射光。

➡ 以蓝天为背景拍摄山脉，直射光形成了强烈的明暗对比，将石头坚硬的质感表现得很突出

180mm | f/9 | 1/320s | ISO 200

## 灰暗柔和的光线

散射光，是太阳不直接照射，或有云彩遮挡，或有雾气笼罩，使太阳的光形成散射状态。有人就把这样的光称为散光。它的特点是光线比较柔弱，景物的投影不明显，景物层次反差较小，拍出的照片影调比较柔和，色彩比较灰暗。

➡ 画面中的光线不是很明显，淡紫色的花卉在绿色背景的衬托下显得更加娇嫩、淡雅

60mm | f/4 | 1/500s | ISO 320

## 用后期完善前期：修复影调平淡、色调灰暗的荒野照片

　　光线是摄影的灵魂，好的光线可以赋予画面更生动的表现力，相应地，若光线不好，画面的表现也会受到极大的影响。例如，在"假阴天"的天气下，环境中的光线会显得灰暗，画面色彩上也会显得非常平淡。

　　本例主要是在 Adobe Camera Raw 中进行调整，除了基本的曝光与白平衡等参数外，还使用了调整画笔工具 ✐ 及径向渐变工具 ◯ 等。此外，本例照片还存在多余的人物，因此最后要转至 Photoshop 中进行修除人物等润饰处理。

　　详细操作步骤请扫描二维码查看。

↑ 原始素材图

➜ 处理后的效果图

## 用后期完善前期：通过高反差处理增加景物锐度与立体感

　　本例主要是结合"高反差保留"命令、图层混合模式及不透明度进行处理。其中"高反差保留"命令是本例的核心，它可以将照片边缘反差较大的区域保留下来，而反差较小的区域则被处理为灰色。这样就可以结合根据要锐化的强度，选择"强光""叠加"或"柔光"混合模式，将灰色过滤掉，而只保留边缘的细节，从而实现提高锐度及立体感的处理。

　　详细操作步骤请扫描二维码查看。

↑ 原始素材图

➜ 处理后的效果图

## 透射光 | 薄而唯美的光线

透射光就是指光线穿过透明体或质薄色淡的物体时的光线。在大多数情况下是逆光照射到质薄色淡物体后穿透过来的光线，因而具有逆光照明的特点。

→ 逆光穿过的冰体，使冰体更加晶莹剔透，虚化的背景更加强化、衬托了主体

25mm ┊ f/7 ┊ 1/800s ┊ ISO 400

## 别具韵味的点光

点光就是指阳光从某些景物遮挡的空隙中照射在大面积阴影中的一点光线。利用点光拍出来的照片，画面景物均在阴影之中，只有画面中某一位置上有一点受光景物的影像，这一点变成了吸引观者视线的视觉中心，这样的照片别有情调和韵味。

→ 画面大部分都处在阴暗中，只有小部分受到树缝间穿透过来的阳光照射，显得异常明显突出

125mm ┊ f/9 ┊ 1/800s ┊ ISO 200

# 8.4 光比的概念与运用

光比是指拍摄对象受光面亮度与阴影面亮度的比值，是摄影的重要参数之一。光比还指拍摄对象相邻部分的亮度之比，或拍摄对象主要部位亮部与暗部之间的反差。光比大，反差就大；光比小，反差就小。

光比的大小，决定着画面明暗的反差，使画面形成不同的影调和色调。拍摄时巧用光比，可有效地表达拍摄对象"刚"与"柔"的特性。例如拍摄女性、儿童人像照片常用小光比，拍摄男性、老人人像照片常用大光比。所以，我们可以根据想要表现的画面效果来合理地控制画面的光比。

↑ 使用大光比塑造人像，通常用于强化人物性格表现、营造画面氛围，画面中的女孩看起来很有时尚感

| 200mm | f/4 | 1/400s | ISO 100 |

← 光比较小的人像照片能够较好地表现出模特柔美的肤质和细腻的女性气质

| 135mm | f/5.6 | 1/250s | ISO 100 |

## 用后期完善前期：极简方法恢复大光比照片亮部与暗部的细节

　　本例主要使用"阴影/高光"命令进行调整。该命令是专门用于显示阴影和高光区域中的细节的，且使用方法极为简单，使用时注意不要过度调整即可。另外，通过创建智能对象图层，可以将"阴影/高光"命令创建为智能命令，摄影师可随时双击该命令进行反复的编辑和调整。

　　详细操作步骤请扫描二维码查看。

⬆ 原始素材图

➡ 处理后的效果图

## 用后期完善前期：恢复大光比下照片阴影处的细节

　　在拍摄照片时，若环境光比较大，往往很难兼顾画面高光与暗调的细节，除了拍摄分别针对高光和阴影区域测光的两张照片进行合成处理外，最常用的处理方法是拍摄时以高光区域为准进行拍摄，然后通过后期处理，恢复阴影区域中的细节。

　　本例主要使用"阴影/高光"命令进行调整以显示阴影处的细节，使用时注意不要过度调整即可。

　　详细操作步骤请扫描二维码查看。

⬆ 原始素材图

➡ 处理后的效果图

# 8.5　不同气候条件下的自然光特性

在日常的拍摄中，较常遇到的气候条件即晴天、多云、阴天以及雾天等，它们分别有着不同的光线特性及拍摄用途，下面来分别进行讲解。

## 晴天

晴天可以说是光照最强烈的气候条件，光照方式均为直射方式，而且在不同的时段，其特性差异非常明显。例如在正午时分，光照强度达到最高，此时的光线也很不易控制；而在日出日落前后，光线相对较为柔和，是风光摄影中最常用的光线类型之一。

◢ 蓝天白云下，树林一派惬意的气氛，为了使画面颜色更纯净，可在拍摄时安装偏振镜来消除天空中的偏振光

90mm ┊ f/16 ┊ 1/400s ┊ ISO 100

## 阴天

与多云的天气相比，阴天时的云彩厚度更大，通常是将太阳完全遮挡起来，甚至在天空中可以看到滚滚的乌云。此时的光线非常柔和，以散射光为主，因此光比较弱，甚至很难呈现出拍摄对象的立体感，但对于人像摄影来说，如果使用恰当的曝光拍摄成人或儿童，倒是可以很好地表现出其皮肤的细腻质感。当然在拍摄时，宜增加1挡左右的曝光补偿。

◢ 利用阴天时的散射光，在曝光时增加了0.7挡的曝光补偿，很好地表现出了儿童细嫩的皮肤

105mm ┊ f/5.6 ┊ 1/60s ┊ ISO 1250 ┊ EV+0.7

## 多云

　　当天空中云层较厚的时候，会有云层中穿过的光线，肉眼观看的时候非常美丽，拍摄下来却差强人意。为了突出光线的效果，通常使用较小的光圈，压暗光线周围的天空，并根据当时光线的颜色将白平衡调整成相应的色调，这样拍摄出来的画面就很有感觉了。

➡ 天际间透出的一丝阳光即将被厚重的云彩遮去，在多云的天气里拍摄的画面给人一种风雨欲来的压迫感

20mm ┊ f/14 ┊ 6s ┊ ISO 200

## 雾天

　　大气中有雾霭或者由于悬浮着细微烟尘而出现霾时，也会形成朦胧的漫射光线，而且要比普通的云彩遮挡时的光照强度更低。同时，景物的色彩也变得更加柔和，饱和度也随之降低，而且整体环境会偏向于青蓝色调。如果感觉这种冷调过强，可以适当调整色温，使色温转暖一些。

　　大雾可将背景的距离推远，影调变亮，且掩盖其细部，可使照片的构图主次分明，更为简练，而雾本身也可构成一种特殊的画面意境。

➡ 由于雾气的原因，画面中的山峦若隐若现，更显一种空灵的气息

110mm ┊ f/11 ┊ 1/50s ┊ ISO 100

# 8.6 晴天环境下不同时段的自然光特性

## 各时段光线的对称性

在相同的天气条件下，自然光线会以正午为分隔，光线有一定的对称及相似性，但又有一个明显的区别就是上午时段的光线多数偏冷，而下午的光线多数偏暖。

例如日出前和日落后，都是太阳隐没的时候，其光线的质感都较为柔和，容易拍摄得到剪影，而日出前呈现的是冷调，日落后则更多的是呈现出暖调效果。下面将从正午开始，讲解具有对称及相似性的各时段光线。

当然，最具有明显对比和代表性的，当属在晴天环境下不同时段的光线特性。

## 正午

正午时分艳阳高照，强烈的阳光从近似垂直的高度向下照射，硬朗有力的光线照射到拍摄对象上能够形成明暗异常分明的巨大光比。

要是摄影师都按常规只选用早晨和晚上的光线摄影，那拍出来的照片一定都是大同小异没有丝毫新鲜感的，因为在这两段时间之间也是有很大的拍摄空间的。从逻辑上说，太阳离地平线越高，影子就会越矮，这样明暗反差下降会显得平淡。但根据季节和维度的不同，太阳也就不是完全与我们垂直了。只要仔细观察光线和太阳的角度，自然可以利用中午的太阳拍摄出很好的照片来。

↑ 正午的光线硬朗，画面看上去颜色清晰、明快，光比强

138mm ┆ f/2.8 ┆ 1/200s ┆ ISO 100

# 日出前/日落后

在日出前/日落后的时间里，越是靠近太阳的位置，就会呈现出越明显的明调效果，并与天空之间的光比也会慢慢发生变化，从地平线到天空的明暗及暖冷过渡可以形成非常漂亮的效果。如果是在日落时分，也可以考虑表现金色的夕阳效果。

➡️ 在日出前的光线下，结合"荧光灯"白平衡的设置，地平线位置拥有一定的暖色，而天空留有大面积冷色的效果，整体画面显得非常静谧

30mm ┊ f/11 ┊ 1/20s ┊ ISO 100

➡️ 金色夕阳是日落时分最典型的拍摄效果之一

70mm ┊ f/16 ┊ 1/500s ┊ ISO 100

# 日出后/日落前

在太阳脱离地平线后或进入地平线之前的一段时间，光线会非常柔和，暖调的光线和冷调的天空可以形成强烈的对比，使用"荧光灯"或相似的白平衡设置，更可以强化这种色彩的对比，让画面更具视觉冲击力。

另外，如果画面中有云彩或其他建筑物等，也可以形成非常强烈的立体感。

← 刚刚露面的太阳，为整个云彩都涂上了一层鲜明的色彩，同时，利用较长时间的曝光，使环境中的景物也被清晰地呈现出来

17mm ┆ f/14 ┆ 3.2s ┆ ISO 100

有时，清晨的光线并非都是暖的，尤其在日出之后，光线会迅速变为冷调，通过适当的白平衡设置（如闪光灯白平衡），可以拍摄到清爽、干净的冷调画面效果。

← 清晨的光线给整个环境带来了冷调的色彩，同时，由于局部的光照，使得水面呈现出金色的反光效果，整体的对比非常强烈

500mm ┆ f/18 ┆ 1/4250s ┆ ISO 200

无论是日出后还是日落前，靠近太阳的位置总是更偏向暖调一些（日落前更是如此），如果再配合"阴天"或"阴影"白平衡的设置，可以得到很好的暖调效果。环境越是清新、通透，那么得到的暖调效果就越强烈，反之则较容易形成偏灰的暖调。

➡ 利用长焦镜头拍摄远处的太阳，使之在画面中的比例变大，再加上云彩的配合，画面层次清晰，太阳的主体位置也非常明确

190mm ┆ f/4.5 ┆ 1/2000s ┆ ISO 100

## 上午 / 下午

从日出后一段时间到正午前，以及正午后到日落前一段时间，即可称为上午和下午。这段时间里，光照非常充足，光质相对柔和，在拍摄人像、花卉、微距等题材中都有广泛应用。但要注意的是，越是靠近正午的时间则阳光越强烈，通常情况下是越来越不适合拍摄。

当然，相对于上午来说，下午的光线在色调上要更暖一些，我们可以通过设置白平衡使之变得更暖，也可以运用同样的方法将其调整为更冷的色调，这都可以根据实际的拍摄需求进行适当更改。

➡ 在上午拍摄的照片，光照充分，立体感强，但又不会产生严重的明暗对比

420mm ┆ f/8 ┆ 1/400s ┆ ISO 320

# 夜间

当天空全黑下来以后，环境中的自然光线仅能依靠月亮及星星产生，而在实际拍摄时，多数都是以城市夜景为主题，而城市中的建筑灯光、车灯等，严格来说应该属于现场光的范畴了。

← 在车量比较多时拍摄带有路面的夜景，通过长时间的曝光，可以拍摄得到大量的光线线条效果，为夜色增添一分色彩

↑ 通过963s的长时间曝光拍摄得到的星星的运行轨迹

| 19mm | f/4.5 | 1/963s | ISO 200 |

第 9 章

光影的运用

# 9.1 用光线塑造3种影调

对于摄影来说，影调和色调的表达是相当重要的。黑白摄影讲究影调，彩色摄影强调色调，影调和色调都是为了表现摄影艺术的画面。不同的影调传达给人的感觉是不一样的。影调是摄影情绪的一种表达。

## 清新淡雅的高调

在黑白摄影中，高调作品是以白到浅灰的影调层次占了画面的绝大部分，同时加上少许深黑影调。不论是黑白摄影，还是彩色摄影，高调的摄影作品都会给人一种明朗、纯洁、欢快的感觉，但是随着主题内容的变化，也会产生惨淡、空虚、悲哀的感觉。高调摄影一般采用较为柔和、均匀、明亮的顺光来实现。

← 高调的人像，可以形成一种优雅梦幻的感觉

62mm ┊ f/2.8 ┊ 1/125s ┊ ISO 100

### 用后期完善前期：制作出牛奶般纯净自然的高调照片

在本例中，主要是使用"黑白"调整结合不透明度的设置，大幅降低照片的饱和度；然后使用多个调整图层及图层蒙版功能，对照片进行提高亮度、对比度及立体感等方面的处理；最后再为照片中典型的色彩，如皮肤、嘴唇及头发等，进行适当的恢复与润饰处理。

详细操作步骤请扫描二维码查看。

↑ 原始素材图

➡ 处理后的效果图

## 沉稳庄重的低调

低调作品是指以深灰至黑的影调层次占了画面的绝大部分，少量的白色起着影调反差作用。低调作品容易形成凝重、庄严、刚毅的感觉，但在特定环境下，也会给人一种黑暗、阴森、恐惧之感。低调作品通常采用侧光和逆光，使物体和人像产生大量的阴影及少量的受光面，从而形成明显的立体感、重量感和反差效应。

→ 画面使用大面积的暗色调，形成低调，可以向人们传达一种凝重、庄严的感觉

20mm ┊ f/8 ┊ 8s ┊ ISO 100

## 层次丰富的中间调

中间调有其独特的魅力，基调的特征不是很明显，但是画面层次丰富、细腻，它往往随着画面的形象、动势、色彩和光线的不同呈现出不同的感情色彩。中间调擅于模糊物体的轮廓，从而给人一种柔和、恬静、素雅的感觉。

↑ 运用中间调拍摄风光，可以使画面产生恬静、柔和的感觉

12mm ┊ f/22 ┊ 16s ┊ ISO 100

## 9.2  营造迷人的光影效果

摄影就是光影的艺术，只有摄影高手才能够营造出迷人的光影效果，使画面富有摄影的光影之趣。

### 光与影同等重要

光是明亮的，影是黑暗的。对于摄影师而言，光与影同等重要，有光无影的画面显得轻浮，有影无光的画面显得淤积、闭塞。在摄影中如果能够艺术地运用光与影，就能使画面有更强的表现力。"影"在画面中可能以阴影、剪影、投影3种形态存在。

◄ 采用逆光拍摄，可将太阳的光芒表现得十分耀眼，而人物的剪影则使画面变得光影交错，充满情趣

| 200mm | f/8 | 1/1000s | ISO 400 |

### 用阴影平衡画面

通过构图使画面中出现大小不等、位置不同的阴影，可以使画面的明亮区域与阴暗区域看起来更加平衡，从而使画面中的视觉焦点显得更加突出。

◄ 由于天空中没有云彩，因此减少天空的面积并增加山体的剪影可避免画面看起很空荡，而前景中撒开渔网的渔民也平衡了水面的空白

| 100mm | f/8 | 1/1250s | ISO 100 |

## 用阴影为画面做减法

画面中杂乱的元素往往会分散观者的注意力，通过控制画面中的光影和明暗，可以达到去除多余视觉元素的目的。在拍摄时，首先要了解在当前光线与照射角度下，拍摄场景中的什么位置会出现怎样的阴影，并考虑好哪些画面构成元素可以隐藏在阴影中，然后使用点测光对准画面中明亮的部分测光，从而夸大画面中的阴影效果，达到突出主体、掩盖多余元素的目的。

↑ 在拍摄大太阳时，对天空中较亮的地方测光，以剪影的形式简化画面，不仅使画面很有形式美感，也使太阳显得更加突出

300mm ┆ f/8 ┆ 1/1250s ┆ ISO 100

## 用阴影增强画面的透视感

阴影有增强画面透视感的作用，当阴影从画面的深处延伸至画面前景时，这种近大远小的透视规律会使画面的空间感和透视感更强。

→ 把大树的影子纳入画面，画面的透视感变得更为强烈

26mm ┆ f/8 ┆ 1/800s ┆ ISO 100

## 用投影为画面增加形式美感

在采用侧光拍摄成排的树木、栏杆时，光和影就会在画面中交错出现，使画面显得更有形式美感。例如，一排整齐的栏杆投下的阴影，由于画面中明暗之间有规律地交替变化，从而给人以视觉上递进的愉悦感。

← 使用小光圈拍摄，树木的倒影呈条状映在地上，大大地增强了画面的形式美感

28mm ┊ f/16 ┊ 1/125s ┊ ISO 100

## 用倒影创造变化增加趣味性

倒影在生活中常常见到，但是拍摄到好的、有趣的倒影却不容易，如果不细心发现，就会错失拍摄的机会。

← 在红鹤探头喝水的时候，摄影师按下了快门按钮，记录了这个倒影，强调了曲线的美丽

145mm ┊ f/2.8 ┊ 1/640s ┊ ISO 100

## 用剪影为画面增加艺术魅力

在影子的3种形态中，剪影无疑是最有形式美感的，因为剪影是由实体轮廓形成的，因此更容易使观者产生联想，剪影画面也显得更有意境与想象空间。

拍摄剪影并不难，难的是能否发现漂亮的剪影，一个比较实用的技巧是，在逆光下眯起眼睛观察主体，通过减少进入眼睛的光线，将拍摄对象模拟为剪影效果，从而更快、更好地发现剪影。

拍摄剪影时要注意的是，如果拍摄的是多个主体，不要让剪影之间产生太大的重叠，以避免由于重叠产生新的剪影轮廓形象，导致观者无法分辨清楚，从而使剪影失去可辨性。当然，如果能使两个或两个以上的剪影在画面中合并成为一个新的形象，那将是非常有趣的画面效果。

➡ 采用逆光拍摄，将沙漠上的骆驼队伍呈现为剪影，画面充满了艺术感染力

200mm ┊ f/11 ┊ 1/1000s ┊ ISO 100

第10章

改变光线的附件

# 10.1 用脚架固定相机以进行长时间曝光

为了获得最高的成像质量，拍摄者必须尽可能使用脚架进行拍摄。市场上的脚架分为两种：一种是三脚架，一种是独脚架，它们分别有着各自的作用。

↑ 由于此照片拍摄时使用了三脚架，所以画面比较稳定，没有出现抖动的迹象

20mm ┊ f/16 ┊ 5s ┊ ISO 100

## 稳定性好的三脚架

在拍摄需要长时间的曝光时，例如拍摄夜景或者环境光比较暗的时候，就会需要三脚架的帮助。三脚架的主要作用就是稳定照相机，无论是摄影爱好者，还是专业摄影师均不可忽视。

## 便携与稳定兼顾的独脚架

独脚架用一根支撑腿来代替标准三脚架的三根支撑腿，适合边走边拍，独脚架比三脚架轻便，更易于携带，易于来回移动，也非常适合户外拍摄。

↑ 三脚架除了保持相机稳定外，还可以起精确构图的作用；在自拍、多重曝光的时候，三脚架也是必不可少的拍摄器材

↑ 独脚架外观图。独脚架适合边走边拍，但是对于真正低亮度曝光环境，三脚架仍是唯一的选择

## 10.2　用快门线拍摄以避免手触快门按钮导致震动

快门线是一种与三角架配合使用的附件，在进行长时间曝光的时候，为了避免手指直接接触相机而产生的震动，会经常用到。

在使用快门线进行长时间曝光拍摄的时候，最好使用反光板预升功能。因为当按动快门按钮时，反光板抬起的瞬间也会产生震动，这样做可以将震动降到最低，得到接近完美的画质。

↑ 尼康公司出品的原厂快门线

## 10.3　用遥控器远距离控制拍摄

遥控器的作用与快门线一样，使用方法类似于常见的电视机或空调遥控器，只需按下遥控器上的按钮，快门就会自动启动。

↑ 佳能公司出品的遥控器

## 10.4　用遮光罩过滤杂光

遮光罩有不同的型号和样式，对于不同的镜头我们要选择与其相应的遮光罩来搭配，具体该如何选择看看下面的内容你就知道了。

遮光罩是套在相机镜头前面的摄影附件，它的作用就是防止画面部分地方曝光过度。

遮光罩一般应用在逆光、侧光拍摄中，但在顺光摄影时也常用遮光罩，因为这样可以避免周围的散射光进入镜头。夜间拍摄的时候如果光源比较杂乱，使用遮光罩就可以避免周围的干扰光进入镜头。遮光罩也有保护镜头的功能，它能防止对镜头的意外损伤。晴朗的白天光比较强，所以为了保护镜头和得到优质的画面，应该使用遮光罩。

常用遮光罩可粗分为两种类型，一种是鱼眼镜头遮光罩，也就是广角镜头遮光罩，镜头焦距越短，视角越大，遮光罩也就越短。

另一种就是中长焦镜头所用的遮光罩，由于视角偏小，可以选用长一点的遮光罩。

↑ 遮光罩样图

↑ 广角镜头遮光罩

↑ 长焦镜头遮光罩

→ 逆光拍摄时给镜头安装遮光罩，可以减少眩光现象

28mm ┊ f/9 ┊ 1/500s ┊ ISO 100

## 10.5　用UV镜过滤紫外线

　　UV镜是一种能够过滤紫外线的镜片，UV是Ultra-Velvet的缩写。当然，过滤紫外线是其最原始的用途，因为UV镜的材质比较坚硬，很多人买来的实际用途就成了保护镜头了。不过在一般情况下，用不用UV镜，拍出来的照片其实并没有很明显的区别。

↑ B+W UV镜

## 10.6　用偏振镜消除反光增加饱和度

　　偏振镜的全称是环形偏光镜，风光摄影中比较常用，被摄影师们简称为CPL，也就是Circular Polarizer Lens的缩写。拍摄很多东西的时候，表面都会有反光现象，比如水面和玻璃，由于表面的反光，水下和玻璃另外一侧的东西就会拍不清楚。又比如天空，由于大地的反光会照在天空中，就会影

↑ 肯高 67mm CPL（W）偏振镜

响到蓝色的清澈程度，甚至叶子和花瓣的表面也会出现反光现象。这时候使用偏振镜的话，就能有效解决以上的问题了。使用偏振镜的时候，需要根据光线的角度慢慢转动偏振镜前面的圆环，以找到需要的最合适效果。

↑ 加偏振镜的拍摄效果。画面饱和度高，色彩浓郁，云朵层次分明

↑ 无偏振镜的效果。画面整体发灰，色彩还原不够真实

## 10.7　用中灰滤镜减弱进光量

中灰滤镜的作用就是减少进光量，内行都称之为ND滤镜，即 Neutral Density 的缩写。使用这种滤镜就是为了降低快门速度。一般来说，中灰滤镜分不同的级数，常见的是ND-2、ND-4和ND-8这3种。它们分别代表了可以降低2、4和8倍的快门速度。假设在光圈为f/16时，对正常光线下的瀑布测光（光圈优先模式）后，得到的快门速度为1/16s，此时如果需要以1s的快门速度进行拍摄，就可以安装ND-4型号的中灰镜，或者安装2块ND-2型号的中灰镜，也可以达到同样的效果。

↑ 肯高 52mm ND4 中灰镜

↑ 加中灰滤镜后减慢快门速度，可以将流动的水拍成牛奶一样且画面不曝光过度

35mm ┊ f/14 ┊ 1s ┊ ISO 100

## 10.8 用渐变滤镜降低画面反差

渐变滤镜的种类也很多，有渐变蓝色、渐变茶色、渐变日落色等，而在所有的渐变滤镜里最常用的应该是渐变灰镜了。一般的渐变滤镜都是方形的，需要买一个支架装在镜头前面才可以把滤镜装上。如果拍摄时遇到局部高光和阴影不均衡的情况，这个时候使用渐变灰镜，将颜色比较深的那边罩在高光部分（比如风光摄影中的天空），然后把较浅或透明的部分留给光线较弱的部分（比如水面、大地），就可以相对地平衡照片中两个部分的曝光了。

看看渐变滤镜的拍摄效果，我们发现加了渐变镜的照片颜色深一些且有过渡的渐变。

↑ 渐变滤镜

↑ 使用渐变滤镜的效果。平衡了画面曝光量后，天空的亮处与地面的暗处都能得到准确的曝光

17mm ┆ f/5.6 ┆ 1s ┆ ISO 100

## 用后期完善前期：模拟使用偏振镜获得纯净、浓郁的画面效果

在本例中，主要是使用"自然饱和度"及"可选颜色"命令对照片整体的色彩进行处理，再结合"曲线"命令、渐变填充与图层混合模式等功能，改善照片中的局部色彩与曝光，使画面具有强烈的冷暖色对比效果。

详细操作步骤请扫描二维码查看。

↑ 原始素材图

➔ 处理后的效果图

## 用后期完善前期：模拟中灰渐变滤镜拍摄的大光比画面

在本例中，主要是通过调整照片的色温及曝光，将照片整体的色彩调整好，然后再利用渐变滤镜功能将天空处理为自然的蓝色效果。在调整过程中，要特别注意天空的曝光及色彩应与地面相匹配，避免出现二者不协调的问题。

详细操作步骤请扫描二维码查看。

↑ 原始素材图

➔ 处理后的效果图

## 用后期完善前期：用渐变滤镜功能将曝光过度的天空改变为淡蓝色

对于当前的曝光，天空与地面的曝光还算比较均匀，但由于设置了负曝光补偿，画面显得曝光不足，而且天空缺少过渡性的渐变，因此显得很"平"。分析出照片的问题后就容易调整了，我们可以先对照片整体的曝光与色彩进行适当的润饰，然后专门针对天空进行处理，使之具有良好的渐变式过渡效果。

详细操作步骤请扫描二维码查看。

⬆ 原始素材图

➡ 处理后的效果图

## 用后期完善前期：将惨白天空替换成为大气云彩

在拍摄风光照片时，若以地面景物为主进行测光并拍摄，则天空区域就可能因此而曝光过度，变为惨白色。本例就来讲解将这种失败的天空替换为大气云彩的方法，该方法也适用于一些天空灰暗或单调的情况。

在本例中，首先使用魔棒工具 选中天空，再将准备好的云彩照片粘贴至该选区中，并结合变换功能适当调整其大小与位置。另外，由于本例照片中存在水面，为了让照片更显真实，还需要结合图层蒙版、混合模式等功能，为水面叠加较淡的水面倒影效果。

详细操作步骤请扫描二维码查看。

⬆ 原始素材图

➡ 处理后的效果图

# 10.9　用反光板进行补光

拍摄外景人像中，有时会遇到光线强烈光比较大的情况，在遇到这种情况时，往往需要给拍摄对象的暗面进行补光，从而缩小画面的光比。补光的方法有很多，也有很多可以辅助补光的器材，反光板便是其中一种。

反光板是通过反射光线来照明拍摄对象的暗面，表面不同材质的反光板反射的光线色彩也是不同的，并且不同大小的反光板在反射面积上也有所不同。

拍摄人像时，推荐选择较大的反光板，这样在补光时可以全方位反射到拍摄对象的暗面，另外使用反光板的柔光面可以柔化光线，让画面看起来柔美婀娜。

现今市场上的反光板可以通过改变表面的材质反射不同感觉的光线，并且价格便宜，使用方便，还可以折叠，是外景时的补光好手。

↑ 5合1反光板

◀ 拍摄这张照片时，逆光的光照强度很高，使得人物面部有曝光不足的问题，此时使用柔光面的反光板，将逆光下人物较暗的面部通过补光的方式照亮

200mm ┆ f/4 ┆ 1/250s ┆ ISO 200

# 10.10　用外置闪光灯灵活进行补光

闪光灯可以在光线较暗的情况下帮助拍摄者顺利完成拍摄任务。一般数码单反相机都配备了内置闪光灯，但是其闪光指数通常很小，闪光功能单一，只能在距离近、光线比较简单的场合使用，很难满足光线较复杂情况下的拍摄要求，所以专业摄影师通常会配备独立的外置闪光灯。

专业的外置闪光灯闪光指数很大，回电速度快，还可以调整闪光的角度。此外，外置闪光灯不会消耗相机机身内的电池电量，不影响相机电池的使用时间。即使在光线充足的室外，当光比很大时，闪光灯也常被拿来补光用。

↑ 内置闪光灯开启状态示例　　　　↑ 安装上外置闪光灯后示例

➡ 闪光灯的补光效果很明显，人物的肌肤与形体都得到了很好的表现

135mm ┊ f/3.2 ┊ 1/250s ┊ ISO 100

第11章

人造光的器材及其类型

# 11.1 影室闪光灯及其相关附件

## 影室闪光灯的基本含义

　　影室闪光灯又简称为影室灯，是一种可人为控制光源位置及强度等属性的灯光器材，利用其背后的控制面板，可以进行多种自定义输出光量的控制，根据型号不同，可以提供150～800W的功率。另外，目前主流的影室灯几乎都具有以1/8为步长进行无极调光的功能，从而便于进行更准确的光量输出及光比控制。

　　影室闪光灯的发光系统主要是由大功率闪光灯和造型灯（75W左右）2部分组成，前者用于在拍摄的瞬间进行闪光，从而照亮主体，而后者则是在拍摄前用于辅助进行大致的光线布局及辅助进行对焦等。

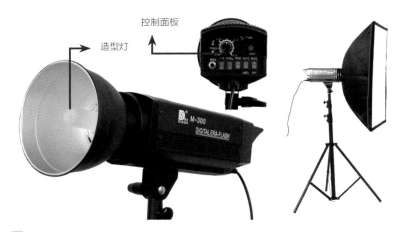

⬆ 专业影室闪光灯（左图带有标准反光罩，右图是置于灯架上并加装了柔光箱的效果）

　　当然，并不是说影室灯只能运用于室内，通过接装大型移动电力设备，也可以在户外进行闪光照明。目前，在国内比较知名的金鹰、光宝、金贝、U2等品牌中，前几个品牌的灯更注重影室内部使用和调节的便利性，而U2灯则更加侧重外拍性能以及携带的方便性。

## 影室闪光灯的输入与输出

对于影室闪光灯，通常都是使用专用的接收器和发射器，前者安插在影室闪光灯的控制面板上，后者安装在闪光灯热靴上。

不同的发射器的功能也不尽相同，通常可以控制2～8（个）通道，即可以同时控制2～8（个）影室灯进行闪光。

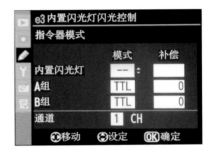

↑ 控制影室闪光灯的接收器与发射器

## 使用内置闪光灯进行引闪

尼康中高端相机中都提供了完整的CLS闪光系统，我们可以利用内置的无线引闪功能控制影室闪光灯以及外置闪光灯。

具体设置方法是在"内置闪光灯闪光控制"菜单中选择"指令器模式"选项，然后将"内置闪光灯"的默认模式"TTL"修改为"--"，即可在拍摄时进行引闪（事先对被引闪的闪光灯做了正确的设置），且内置闪光灯本身不发光。

## 注意闪光同步速度

通常情况下，影室闪光灯同步速度为1/200s，如果超出这个快门速度，则拍摄得到的画面中就会出现不同程度的黑色，即由于相机的快门速度超出了闪光灯的闪光速度，当闪光未充分照亮拍摄对象时，相机就已经完成曝光了，因为造成画面部分内容没有受到光照，从而产生局部的黑色图像。

# 影室闪光灯的灯光控制7武器

在影室闪光灯的灯头上，可以加装不同的附件来改变光线的硬度、方向以及色彩等属性。下面就分别介绍一下它们的特点及功能。

| 影室灯闪光灯的灯光控制7武器 | | |
|---|---|---|
| 标准罩 | | 标准罩是随灯头自带的标准口径灯罩，作用是保证常规的光线的照射角度，使光线具有较强方向性，是硬性光。标准罩可以防止闪光灯的光线四散照射，汇聚出较为强硬的光线，并且在标准罩的灯罩卡口上，还能够附加如蜂巢等其他辅助器材，是营造不同质感的光线的很好工具 |
| 多边四叶遮片 | | 多边四叶遮片的作用主要是有选择性地遮挡多余光线，控制光线照射面积，一般用在标准罩上，但也有专门的灯罩。四叶片由四块叶片和灯罩组成，如果在拍摄时想要得到理想的光线照射角度和强度，可以通过四块叶片的遮挡来调整 |
| 蜂巢 | | 蜂巢就是一块网状的铁板，安装在标准反光罩的前面，可以减少散射光，从而让光线质地变得更硬，方向性更强 |
| 束光罩 | | 束光罩又名猪嘴形反光罩，因其出口形似猪嘴而得名。束光罩的出口位置还带有蜂巢，产生的光线可以说是所有束光罩中最硬的，常用于对拍摄对象的局部进行照明 |
| 雷达反光罩 | | 雷达反光罩可以让光线变得更发散（相比标准反光罩），但仍然属于中性偏硬的光线，很多影棚用它来打眼神光，比方型柔光箱的眼神光来得自然 |
| 柔光箱 | | 柔光箱可以将光线变得更加柔和，是最常用的配件之一。常见的有矩形、六边形、圆形等多种形状，其尺寸不是越大越好，若太大，中央和边缘的光强度差异会很大 |
| 滤色片 | | 滤色片可安装在卡槽中，其作用就是改变光线的色温。常见的滤色片有红、蓝、黄等多种颜色。另外还有柔光效果的滤光片，可以把光的硬度变软 |

## 用灯架支撑并保持灯具稳定

影室灯灯架是影室灯的支撑，一般分为背景灯架、地灯架、主灯架等，同时灯架可以调整灯的照射高度和角度。在使用灯架时需要注意安全稳定性，尽量让灯架的 3 条支架展开保证稳定，同时注意拧紧调节扣，不要造成拍摄过程中闪光灯的滑落。

## 测光表测出曝光组合

使用测光表可以准确测算出当前所需的曝光值。

← 使用测光表对人物皮肤进行测光

## 11.2 较为实惠的选择——影室白炽灯

顾名思义，影室白炽灯是以白炽灯泡作为发光体，在造型上也相对简单，通常只是灯光与柔光罩二者的搭配，因此其内部可容纳的灯头数和灯泡的瓦数直接影响了其照明强度。常见的影室白炽灯可安装2～5（支）白炽灯泡。

由于其白炽灯是恒亮的，因此较为耗电，但其优点就是所见即所得，不会像影室灯那样需要反复调试参数并使用测光表来确定曝光组合，适合入门级的新手使用，常见于一些简单的静物产品（如淘宝商品照等）及少数的人像拍摄中。

↑ 影室白炽灯，其中右下方的小图展示了灯头的效果

↑ 与反光伞搭配使用的白炽灯

## 11.3 内置闪光灯是方便的补光工具

除了一部分专业的数码单反相机以外，内置闪光灯是大多数的数码单反相机所配备的基本功能之一。

内置闪光灯也叫内闪，因其和相机机身融为一体，所以方便携带，并且非常实用。不过由于本身体积过小，机顶闪光灯的闪光指数十分有限，回电速度较慢，很难完成光线条件较为恶劣且场地复杂的拍摄任务。另外，机顶闪光灯被固定在相机的顶端，灵活性稍差，光的方向性也不能有变化，所以机顶闪光灯相对来说只能解一时之急。

↑ 为内置闪光灯安装柔光罩，可以对光线起到一定的柔化作用，从而让光线变得柔和

↑ 红圈处所示就是相机的机顶闪光灯

## 衡量闪光灯性能的重要依据

闪光指数是指一个闪光灯最大可闪光的强度，通常用GN来表示，它是评价一个外置闪光灯的重要指标，也决定了闪光灯在同等条件下的有效拍摄距离。

以尼康SB-900闪光灯为例，在ISO 200的情况下，其闪光指数为GN48，此时假设光圈为f/8，我们可以依据下面的公式算出此时该闪光灯的有效强度。

| 有效闪光距离的计算公式 | |
| --- | --- |
| 尼康SB-900外置闪光灯 | 闪光指数（48）÷光圈系数（8）=闪光距离（6） |
| 尼康D300s内置闪光灯 | 闪光指数（17）÷光圈系数（8）=闪光距离（2.13） |

↑ 使用闪光灯对人物进行补光，得到了皮肤白皙的画面

35mm ┊ f/5 ┊ 1/200s ┊ ISO 100

下面将通过尼康D7500内置闪光灯与尼康、佳能各2款典型的外置闪光灯，进行各方面性能参数的对比。

| 闪光灯型号 | 尼康D7500内闪 | 尼康SB900闪光灯 | 尼康SB600闪光灯 | 佳能600EX Ⅱ-RT闪光灯 | 佳能270EX闪光灯 |
|---|---|---|---|---|---|
| 图片 | | | | | |
| 闪光模式 | 慢速同步、慢速同步减轻红眼、后帘同步、后帘慢速同步，手动闪光 | TTL、自动光圈闪光、非TTL自动闪光、距离优先手动闪光、手动闪光、重复闪光 | TTL、i-TTL、D-TTL、均衡补充闪光、手动闪光 | E-TTL Ⅱ、E-TTL、TTL自动闪光、自动/手动外部闪光测光、手动闪光、频闪闪光 | E-TTL、E-TTL Ⅱ自动闪光、手动闪光 |
| 闪光曝光补偿 | −3～+1，以1/3挡为增量进行调节 | ±3，以1/3挡为增量进行调节 | ±3，以1/3挡为增量进行调节 | 手动。范围为±3，可以1/3或1/2挡为增量进行调节 | 手动。±3，可以1/3或1/2挡为增量进行调节 |
| 闪光曝光锁定 | 支持 | 支持 | 支持 | 支持 | 支持 |
| 高速同步 | 不支持 | 支持 | 支持 | 支持 | 支持 |
| 闪光指数（m） | 24（ISO 200） | 48（ISO 200） | 42（ISO 200） | 60（ISO 100，焦距200mm） | 灯头默认位置：22 灯头拉出：27 |
| 闪光范围（mm） | 约17～85 | 14～200（14mm需配合内置广角散光板） | 14～85（14mm需配合内置广角散光板） | 20～200 | 28以上 |
| 回电时间（s） | — | 2.3～4.5 | 2.5～4 | 一般闪光：0.1～5.5 快速闪光：0.1～3.3 | 一般闪光：0.1～3.9 快速闪光：0.1～2.6 |
| 垂直角度（°） | 不可调节 | 向下-7、0；向上45、60、75、90 | 向上0、45、60、75、90 | 7、90 | 0、60、75、90 |
| 水平角度（°） | 不可调节 | 左右旋转0、30、60、90、120、150、180 | 左旋转0、30、60、90、120、150、180；右旋转30、60、90 | 180 | — |

从上表的对比不难看出，外置闪光灯的闪光指数、距离及闪光范围等多项性能都要远远超出内置闪光灯，而且外置闪光灯通常还拥有可调整闪光角度等机械特性，便于在拍摄时进行灵活布光。

为了便于较好地布光，通常会采用2～4（盏）闪光灯，作为主光、辅助光等。如果资金不宽裕，可购买1盏原厂闪光灯作为主光，再购买1～3（盏）副厂闪光灯作为辅助光或其他用途。

# 11.4　用柔光罩将闪光灯的光线柔化处理

直接使用闪光灯拍摄时会产生比较生硬的光照，而使用柔光罩后，可以让光线变得柔和。当然光照的强度也会随之变弱，可以使用这种方法为拍摄对象补充自然、柔和的光线。

↑ 3种不同的外置闪光灯柔光罩

↑ 135mm｜f/2｜1/250s｜ISO 1600

# 11.5 用滤镜与滤色片改变闪光光线的色彩

使用滤镜或滤色片可以改变闪光灯射出的光线颜色，前者是一个有色的塑料片，安装在镜头闪光灯前，除了可以改变光线色彩外，还能够起到一定的柔化光线的作用。在购买闪光灯时，通常会附送两块滤镜。

滤色片则是半透明状态的，可以安装在透明滤镜与闪光灯之间，从而起到改变光线颜色的作用。

↑ SB闪光灯附送的滤镜

↑ 安装了滤色片的SB闪光灯

↑ SB闪光灯的滤色片

↑ 在多盏闪光灯的配合下，分别使用不同的滤色片完成整个场景的布光及色彩控制（示意图）

↑ 使用离机闪光灯从前侧方向进行补光拍摄得到的画面

135mm ┊ f/2 ┊ 100s ┊ ISO 800

↑ 在闪光灯前安装橘色滤色片后的拍摄效果，可以看到画面整体都获得了不错的暖调效果

135mm ┊ f/2 ┊ 1/60s ┊ ISO 800

## 11.6　用支架稳定闪光灯

最基本的支架就是购买闪光灯时附送的，可用于离机闪光时维持闪光灯的稳定。另外，还有一些较为高极的支架，可用于改变闪光灯的照射位置、方向及角度等属性。

另外，还可以购买一些小型的三角形支架，它们可以调整闪光灯的位置、角度等，再比如八爪鱼式的支架，可以盘绕在其他物体上，从而更利于灵活地进行布光。

↑ 闪光灯支架

## 11.7　用反光伞反射光线进行补光

反光伞有两种衬里：白色和银色。相比之下，银色衬里的反光伞可以反射更多的光线，方向性也更强。在相等光照强度下，带安置银色衬里的反光伞的光源可作为主光，因为它能产生更强的光，也更有方向性。它还能在人物面部高光区域产生精彩的反射高光。

带安置粗纹白色衬里反光伞的光源可作为辅光或补光。你也可以做一些尝试，调整光源在反光伞轴心的距离，以此获得不同柔和度的光线效果。光源对准反光伞的中心时，会使照明光线平滑柔和。这个点被称为反光伞的"焦点"，它能产生最有效的照明效果。

↑　白色衬里的反光伞

# 11.8 拍摄对象的不同载体

## 背景架&背景布

　　在拍摄人像、大型的静物等题材时，会采用背景架（分电动和手动2种）进行大面积的背景设定，即不同颜色的背景，常见的有黑、白、灰、红等色彩。

➜ 背景架

➜ 在白色背景布下拍摄的儿童照片

## 静物台&静物箱

使用人造光拍摄的题材中，静物摄影占有相当大的比例，而这其中，网店商品的拍摄更是很多人关注的题材。如果是拍摄小型的商品，静物箱是比较常见的选择，它反射出的光线更加柔和，能够减少阴影，过滤杂光。内置的背景布可以替换，通常有白色、黑色、红色、蓝色可供选择。使用完后，静物箱还可以水洗、折叠，方便收纳。

更好的选择当然是大型的静物箱、静物台等，它们可以容纳更大体积的静物，并可在箱内或台上加装照明灯，它们是更加专业的选择，其价格也是很高的。

如果是拍摄较大的商品，可以购买一些大幅面的纯色纸张，如普通的全开纸、质地较厚的黑/白卡纸，或者是大幅的白布等，都可以作为背景来使用。

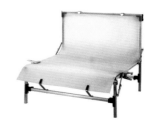

↑ 静物台

↑ 静物箱

## 倒影板

倒影板能够在拍摄静物时产生合影效果，从而使物品产生美丽的倒影，以增加其立体感。

在倒影板上用侧光拍摄静物时，要注意布光的位置、方向和光源的照度。在光源的处理方面尽量使用柔光板、柔光罩或柔光伞等降低光线硬度的附件，这样会使光线变得柔和，不至于使拍摄对象本身明暗对比过大。

◄ 利用倒影倒拍摄得到的效果

| 50mm | f/2 | 1/60s | ISO 200 |

# 11.9 光源的不同作用

　　人像摄影的用光或者说如何照明，既是一种基本功，又是体现摄影师水平高低的重要内容。与调度人物的姿势、安排道具和选择背景相比，用光在人像摄影最终完成的影像上，所起的作用是决定性的。因为摄影本来就是在用光绘图。一提到摄影室的用光，就自然会说到5种光源：主光、辅光、发光、轮廓光、背景光。

## 主光

　　主光即决定拍摄对象照明格局的首选灯光，而其他的灯光则只能起到辅助作用。现代影室所用的主光通常是由柔光灯箱发出的。之所以采用柔光灯箱，是因为它发出的光线较为均匀，便于控制。所谓的柔光灯箱，其实就是把一支或数支灯泡放入一个箱体里，通过能使光线散射的柔光箱罩（一般由塑料或纺织品制成）对拍摄对象照明，箱体越大，灯泡越多，功率越强，照明范围越广。

↑ 主光源多半和辅光源一同出现，不过像画面中这种单灯照射光源的方式也是表现主光源的一种方式

50mm ┊ f/5.6 ┊ 1/200s ┊ ISO 100

## 辅光

　　辅光也叫补光，顾名思义，它所起的作用就是对阴影进行补充照明，使阴影变得浅淡。其实，补光所用的可以是与主光同样的柔光灯箱，通过照明距离或输出功率来调整它与主光的光比。如果补光的曝光比主光少3挡光圈，其光比就是1:3，也就是说其结果将得到较深的阴影。如果补光的强度接近主光，比方说相差半级光圈，那么阴影部分就变得非常浅淡。

↑ 画面中人物的面部明暗对比强烈，用辅助光给阴影部补光，使模特面部细节清晰

50mm ┊ f/8 ┊ 1/250s ┊ ISO 400

# 发光

由于人像摄影技术的发展，所谓的发光已由原来投射到头上的不那么自然的一束聚光，逐渐演变成为一束或多束更加宽广而柔和的灯光。发光不仅使头发避免成为漆黑一团，而且能勾画出拍摄对象的轮廓。光源位于主体后，可以勾勒出主体的形状和层次感，拍摄出漂亮的头发。

这种用光方法现在已经使用得相当普遍，发光多采用小型柔光灯箱或条型灯具。这种头发光还可以采用把一束灯光通过天花板反射的办法来实施，不过要注意控制布光范围，如果照射到鼻子上就不好看了。

→ 来自顶部的侧光，照亮了头发，使之更具有立体感

35mm ┆ f/14 ┆ 1/200s ┆ ISO 200

## 轮廓光

　　轮廓光可以隔离同色调的主体和背景，它同样也能增加头发的细节，也会出现戏剧性的人像（单用），我们常说这种叫剪影照片。使用这种光线时应注意不让它照到主体的鼻子，否则可能会显得鼻子不正常。

➡ 用侧逆光将人物的边缘打亮，形成一条明亮的线条，起到区分的作用

| 50mm | f/5.6 | 1/200s | ISO 100 |

➡ 利用侧逆光的方式将光线反射到杯子上，形成漂亮的轮廓光效果

| 33mm | f/7.1 | 1/4s | ISO 100 |

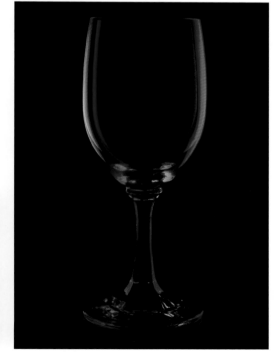

## 背景光

在大多数情况下，拍摄对象都与背景拉开一定的距离。由于光源的照明会随着距离的增加而明显地减弱，而背景比拍摄对象距离光源更远，所以背景的亮度要比拍摄对象暗许多。如果按拍摄对象的照明情况曝光的话，则背景就会显得更暗了，结果是拍摄对象看起来如同融入黑暗的背景之中。

如果摄影师不介意这种背景效果的话，当然也就用不着背景光了。但是如果要想把拍摄对象同背景区别开来的话，则有必要对背景进行单独照明，于是就有了所谓的背景光。

然而背景光的运用要照顾到背景的色彩、距离和照明的角度等，搞不好就会弄巧成拙，因此需要对背景光进行反复调整才能用得恰到好处。

为了均匀地照明一个无缝的背景，有时需要使用两个闪光灯。

↑ 用光线在灰色背景上打出层次，将人物头发与背景区分开

50mm ┊ f/5.6 ┊ 1/160s ┊ ISO 100

→ 用灯光将红色背景打亮，凸显出玩偶

105mm ┊ f/8 ┊ 1/200s ┊ ISO 100

# 第 12 章

人像摄影用光与曝光实战

# 12.1 人像摄影的6个用光技巧

在拍摄人像时，根据光与拍摄对象间的位置，可以划分为：顺光、前侧光、侧光、侧逆光、逆光、顶光。这6种光线有着不同的作用，并且可以通过组合拍摄出很多种光影效果。深度了解各个光线的位置对于拍摄人像来说非常重要，只有在理解和熟悉的基础之上，才能巧妙、精确地组合这些光线位置。

## 用顺光表现人像的真实之美

顺光是初学摄影的人们最爱使用的光线，因为这种光线是生活中最常见的。

顺光的光位为相机背对光源，拍摄对象位于相机对面并面对光源。由于拍摄对象为纯正面沐浴在光源中，其展现出来的画面将是一张几乎没有明暗影调和层次感的照片。

正是因为这种纯正面的光源，使画面呈二维的感觉，因此很多人称之为平光。

不过顺光也并不只是缺点，在顺光照射下的人物受光均匀，画面柔和自然，充满了真实感，在拍摄一些柔美的女性时，平光可以充分展现其婀娜感。

➡ 拍摄对象虽然在平光照射下呈现出二维感，不过柔美的画面和真实的感觉可以衬托出其性感美丽的感觉

50mm ┊ f/2.8 ┊ 1/200s ┊ ISO 100

## 用侧光表现人像的塑形之美

侧光在所有光线中是最具有立体感，同时也是最具有戏剧性的光线。

侧光是从拍摄对象正面的90°角投射过来的光线，这种光线会营造出极强光比的画面，从而使拍摄对象受光面沐浴在强烈的光源之中，而背光面掩埋在沉重的阴影黑暗之中。这种光线具有很强的塑形能力，故很多人称侧光为塑形光。

→ 在侧光的勾勒下，人物面部的五官突出，立体感强烈

60mm ┊ f/10 ┊ 1/200s ┊ ISO 200

在其他光线配合下，利用侧光也可以拍出面部立体感强的性感女性。在拍摄的时候要注意人物面部的光比，除非特意营造，否则不要出现大面积的重阴影，使画面中的受光失衡。在光的强弱上也要细心观察与调试，不应出现其他光线强于画面中的侧光，造成光线间的融合，使侧光的效果不能表现出来。

← 有意控制光线的强弱，不让太强的光线造成较重的阴影，在表现侧光的同时，女性的柔美依然存在

85mm ┊ f/2.8 ┊ 1/2500s ┊ ISO 200

## 用前侧光表现人像的明暗之美

前侧光位于顺光与侧光之间，即拍摄对象正面到拍摄对象左右两边90°角间的任意位置，最标准的位置为45°夹角处。

前侧光不但可以大面积地照射到拍摄对象正面，同时因为其与拍摄对象存在着夹角，所以能够在画面中形成明暗对比，从而使拍摄对象产生立体感。这种光位被广泛运用在人像摄影中，不仅使人物面部受光均匀，还能让五官的立体感突出，是一种理想的光线。

→ 前侧光同样适用于自然光线下的外景人像摄影。在画面中，通过特写的表现手法，很好地回避了整体立体感不足的弊病。既衬托出拍摄对象柔美的感觉，同时还突出了立体感

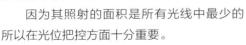
60mm ┊ f/5.6 ┊ 1/200s ┊ ISO 200

## 用逆光表现人像的轮廓之美

逆光是从拍摄对象正后方向相机方向投射过来的光线，它和相机呈正对角度，是一种极具艺术效果的光线。它有着其他光线无法实现的轮廓勾勒能力，同时也是最难控制的光线。

因为其照射的面积是所有光线中最少的，所以在光位把控方面十分重要。

→ 逆光在外景人像中配合着补光可以营造出十分柔美通透的画面。不过利用这种光线拍摄时，补光的道具和位置十分重要，推荐的还是反光板，这样画面的光比较明显，并且画面中光线的质感比较统一

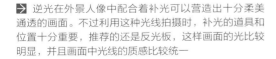
200mm ┊ f/3.2 ┊ 1/320s ┊ ISO 200

在运用逆光拍摄人像时，由于纯逆光作用下，曝光得到的画面将是黑色剪影的拍摄对象，因此逆光也常常运用在剪影的表现手法上。

→ 逆光剪影的画面中，拍摄对象外轮廓十分突出并且表面呈阴影状态。使得画面简洁清楚，而且光影效果卓著，具有独特的意境

70mm ┊ f/6.3 ┊ 1/1000s ┊ ISO 100

## 用后期完善前期：校正逆光拍摄导致的人物曝光不足

在本例中，主要是使用"色阶"调整图层对照片的中间调区域进行初步的提亮，然后再结合"亮度/对比度"及"曲线""色彩平衡""自然饱和度"等调整对画面的对比度与色彩进行美化。要注意的是，在提高人像照片整体的饱和度时，应对皮肤进行适当的恢复处理，以使其饱和度不要过高，从而显得白皙。

详细操作步骤请扫描二维码查看。

↑ 原始素材图

→ 处理后的效果图

## 用侧逆光表现人像的立体之美

    侧逆光是一种由逆光衍生而出的光线，它具有逆光的特性，同时也和逆光有着一定的区别。侧逆光位于拍摄对象正后方的逆光光位和拍摄对象90°左右角的侧光光位间的任意角度，最标准的光位为45°夹角处。

    在拍摄人像时，侧逆光拥有同逆光一样的勾勒拍摄对象轮廓的作用，但侧逆光大多数时候都只作用于拍摄对象的一侧，从而表现拍摄对象一侧的线条美感，并且能够有少量光线照射到拍摄对象的侧面，增加拍摄对象的立体感。

    另外值得一提的是，侧逆光是经典人像用光之伦勃朗布光法的核心光源，所以运用好侧逆光是一名优秀摄影师的必备条件。

↑ 侧逆光能够从一侧勾勒人物的线条，突出人物轮廓的曲线美感，增加了立体感。这张照片便是外景侧逆光应用的很好示例，这种侧逆光的使用也是外景人像中最常见的

55mm ┆ f/4 ┆ 1/100s ┆ ISO 200

↑ 利用大场景来烘托人物主体，使其与环境完全融合在一起，得到满意的效果

50mm ┆ f/2.8 ┆ 1/250s ┆ ISO 100

## 用顶光表现人像的明暗之美

顶光是源自正常的自然光线方向性的一种光线，它由上向下投射到拍摄对象，完全自然地照射着拍摄对象。

顶光是从拍摄对象正上方投射的光线，和拍摄对象呈90°垂直。

非常严格地讲，如果光源偏离这一点的话，就会根据其位置改变成其他光位。不过在实际拍摄时，这些光线还是被纳入了顶光之中。

◄ 直接利用顶光拍摄人像会使人像产生较重的阴影，影响模特美观。配合使用反光板等辅助光线将阴影削弱，便可以既表现顶光给模特增加的美丽发光，又可以展现模特光润的皮肤

200mm ┊ f/5.6 ┊ 1/250s ┊ ISO 100

## 12.2 不同环境的光线下拍摄人像的技巧

### 避免直射光下拍摄人像

午后的阳光非常强烈，如果直接照射到模特身上，很容易形成"死白"的现象，有条件的话可以在模特的头顶上方打一块可以透光但不是透明的透光板。这样的话，强烈的直射光经过透光板后会变成柔和的散射光，从而使拍摄的画面具有柔和的质感。

利用反光板还可以避免模特的光照完全被挡住，而导致画面看起来太暗，与背景严重不协调的问题。

→ 在林间拍摄时，为避免斑驳的光线照在模特脸上破坏美感，将透光板置于模特头上，使光线透过透光板再照到脸上，这样得到的画面效果就会柔和很多

75mm ┆ f/5.6 ┆ 1/400s ┆ ISO 400

### 利用阴凉处的漫射光表现恬美气质的女性

为表现女性恬美的气质，可选择拍摄明暗反差不明显的小光比的画面。这样的画面中拍摄对象脸上不会有很浓重的阴影，画面中也几乎没有很明显的明暗对比，柔和的画面效果很适合表现恬美的女性气质。

→ 为避免强光照射会在模特脸上留下难看的阴影，可在遮光的屋檐下进行拍摄，得到柔和的画面效果，也更好地突出了女孩恬静的气质

135mm ┆ f/7.1 ┆ 1/200s ┆ ISO 320

## 水边拍摄人像时避免水面强烈反光

　　水边拍摄美女人像，虽然非常养眼，但是水面在太阳光的照射下容易引起反光，破坏画面的效果，因此要注意使用偏振镜消除或者减弱水面的反光。在没有偏振镜的情况下，则应当调整拍摄角度，选择不反光或反光较弱的位置取景。

➡ 使用偏振镜拍摄水边的美女时，应降低拍摄角度，使相机与水面的夹角为30°左右，因为此时消除水面反光的效果最佳，可避免画面中出现大面积的空白，得到层次丰富的水边人像

75mm ┊ f/8 ┊ 1/320s ┊ ISO 800

## 利用光晕营造人像画面浪漫气氛

　　在逆光条件下拍摄，画面中往往会出现高光溢出的眩光现象，影响画面层次和色彩的呈现。但是转换方位，合理安排眩光在画面中出现的位置，也会出现意想不到的效果。当然，要利用这种方法渲染得到唯美的画面效果，并非拥有百分之百的成功率，有时也会破坏画面的美感，因此仅作为一种特殊的表现手法，在拍摄时可以尝试使用。

　　不同于其他拍摄情况，为了得到画面眩光，拍摄时要将镜头前的遮光罩等附件取下。

　　拍摄时要注意控制曝光量，为了减少眩光对画面的破坏性影响，宜选择点测光模式对拍摄对象的面部皮肤进行测光，以保证主体人物正确曝光。

⬅ 金色光晕的纳入不仅渲染了画面的浪漫氛围，也淡化了杂乱的背景，使甜蜜的恋人在画面中更加突出

90mm ┊ f/3.2 ┊ 1/200s ┊ ISO 100

## 在日落时分拍摄层次丰富的人像画面

不少摄影爱好者都喜欢在日落时分拍摄人像，但却很少有人拍摄出十分成功的照片，要么是使用闪光灯把人物拍摄得不错，但夕阳及彩霞却没有得到很好的表现；要么是把夕阳、彩霞拍摄得很好，但人像却出现了剪影效果而一片漆黑。那么应当如何操作才能同时把人像和背景都很好地在画面中再现呢？下面介绍一种好的办法。

在闪光灯关闭的情况下，把镜头对准夕阳旁边的天空测光，然后半按快门按钮锁定曝光，或者打开相机上的曝光锁按钮，之后重新构图并开启闪光灯，此时彻底按下快门按钮进行拍摄。由于是按照日落时天空的亮度进行曝光的，所以夕阳美景会得到很好的表现，而闪光灯又对人物进行了补光，人像也获得了充足的曝光。

→ 逆光拍摄日暮时分的人像时，为使人物曝光合适，可用闪光灯照亮模特，从而得到层次丰富的人像画面

180mm ┆ f/3.2 ┆ 1/320s ┆ ISO 400

## 选择阴天拍摄优雅气质的人像

与多云的天气相比，阴天时的云彩厚度更大，通常是将太阳完全遮挡起来，甚至在天空中可以看到滚滚的乌云。阴天环境下，环境中的光比较小，景物的亮面与暗面的差别不是很明显，因此整体的影调较为均匀。而且环境色调与雾天有些相似，都是偏向于青蓝的冷调，此时可以在相机中设置"阴天"白平衡，以还原得到真实的色彩，或者通过手动调整色温的方式，精确调整画面的色调。

在阴天环境中，如果使用恰当的曝光拍摄成人或儿童人像照片，倒是可以很好地表现出其皮肤的细腻质感。适当增加0.7～1.3挡的曝光，可以获得曝光较为正常的结果。

← 在光照均匀、柔和的阴天拍摄时，柔和的画面效果很适合表现女孩恬静、优雅的气质

85mm ┊ f/3.2 ┊ 1/125s ┊ ISO 400

## 利用大光圈表现迷幻光斑的夜景人像

　　拍摄夜景时，最忌将拍摄对象拍得很亮，而背景却一片死黑，画面看起来很呆板，缺少生机。所以拍摄夜景人像的最大难点就在于，如何在照亮人物的同时，让背景也亮起来。

　　使用数码相机的夜间人像场景模式，会自动开启闪光灯，并延长曝光时间，此时最好使用三脚架以保证相机稳定。当然，在拍摄时不要离模特太近，否则闪光打在人身上，会显得光线非常生硬，可以使用长焦镜头配合较大的光圈进行拍摄。

　　如果要对拍摄进行更多的控制，最好使用光圈优先模式，将光圈开到最大并靠近模特以拍摄到前景清晰、背景充满漂亮圆点的效果。

→ 华灯初上时拍摄人像，为了提高快门速度使用了较大的光圈来增加进光量，不仅得到清晰的画面，背景中的光源也呈现出浪漫的光斑效果，使得画面有一种梦幻般的视觉效果

90mm ┆ f/2.8 ┆ 1/250s ┆ ISO 1000

## 12.3 拍摄人像时的补光技巧

### 利用反光板对人物暗部进行补光

在影棚内拍摄人像时，可以很方便地用辅光灯对人物的阴暗面进行补光，但问题是在室外自然光条件下应该如何拍摄。有一种非常简单的方法，就是使用反光板，这是一种物美价廉的摄影辅助器材，几乎是户外人像摄影的必备之物。

反光板只要花数十元就可以买到，一般的反光板有4个面，包括黑面、白面、金面和银面，可以根据各自的拍摄要求来选择。如果想要使反射的光线更温暖，可以采用金面；如果想要更冷一点的反射光线，则可以选择银面。反光板携带十分方便，不但重量非常轻，而且可以折叠起来，占用的空间非常小。

户外摄影通常以太阳光为主光，但这样拍摄到的人像明暗反差过于明显。如果此时使用反光板对阴暗面进行补光（即起到辅光作用），就可以有效地减小反差。反光板反射的光线较为柔和，在拍摄人像时能取得较好的效果。

当然，反光板的作用不仅仅局限在户外摄影，在室内拍摄人像时，也可以利用反光板来反射窗外的自然光。专业的人像影楼里，也通常都会选择数块反光板来起辅助照明的作用。

◀ 由于使用了反光板对背光的模特面部进行了补光，因此均衡了直射光下的强烈光比，得到面部曝光合适的画面效果

135mm ┆ f/2.8 ┆ 1/500s ┆ ISO 100

## 用后期完善前期：模拟反光板形成眼神光

在拍摄人像时，如果没有使用反光板、闪光灯等器材，又或者环境中没有足够明亮的光源为人物补充眼神光，则人物的眼睛会显得非常平淡、没有光泽，这在很大程度上会影响对人物整体感觉的表现。本例就来讲解通过后期添加的方法，为人物制作漂亮的眼神光。

详细操作步骤请扫描二维码查看。

➡ 处理后的效果图

⬇ 原始素材图

## 利用闪光灯缩小直射光线的反差

在强烈的光线下拍摄时，由于光线比较硬朗，会在拍摄对象的面部留下明显的阴影，拍摄出来的画面也显得很硬朗，不适合表现女性柔美的感觉。为避免这种情况，可以让拍摄对象背对阳光，并利用闪光灯对其进行补光，这样可以缩小明暗差距，提亮拍摄对象的面部，得到柔和效果的画面。

➡ 在强光下拍摄时，使用闪光灯对模特面部进行补光，不仅提亮了其面部，也缩小了画面的明暗差距

135mm | f/3.2 | 1/250s | ISO 200

## 利用闪光灯突出弱光中的人物

　　在光线较弱的环境中拍摄人像时，通常会利用提高感光度值的方式来提高快门速度，但过高的感光度值会降低画面的质量，这时可利用闪光灯对拍摄对象进行补光，以提亮画面的亮度，在弱光的环境中得到较高的快门速度。

→ 在光线较暗的环境中拍摄时，使用闪光灯打亮人物，不仅使其在暗调的环境中更加突出，还提高了快门速度，得到清晰的人像画面

100mm ┆ f/7.1 ┆ 1/250s ┆ ISO 100

## 利用反射式光线拍摄柔美人像

　　拍摄时，为了不使光线过于硬朗，可利用反射光进行拍摄。反射光可以通过闪光灯与反光板相结合产生。通常是对着拍摄对象旁边白色的墙面进行闪光，光线经过墙面再反射到拍摄对象上，可以获得柔和的画面效果。拍摄时还可以在闪光灯上加一个柔光罩，这样就可以使柔和的效果进一步增强。

→ 在室内拍摄人像时，将闪光灯冲向白色天花板闪光，光线经过天花板再反射到模特的脸上就显得柔和很多，画面中模特的面部很明亮且没有阴影

100mm ┆ f/7.1 ┆ 1/250s ┆ ISO 100

## 12.4　拍出白皙皮肤3招就够

### 利用白平衡改变皮肤色彩

　　在户外拍摄时，使用低于当前环境的色温可以得到冷的色调，此时人物的皮肤会显得更白皙一些。例如在下午4点左右时，色温会变得偏暖（约4800K），此时使用荧光灯白平衡或手动调整色温至4000K左右，在将整体色调转冷的同时，人物的皮肤也基本保留原有的肤色，并显得更加白皙。

↑ 使用自动白平衡拍摄的照片，可以看出画面有些偏黄

| 105mm | f/2.8 | 125s | ISO 200 |

↑ 手动将白平衡修改为4000K后，画面偏向于冷调效果，人物皮肤显得更加白皙

| 105mm | f/2.8 | 125s | ISO 200 |

　　以下是一些常见环境下的色温参考。

| 不同光线下的色温表（自然光） | | | |
| --- | --- | --- | --- |
| 时　　段 | 色温（K） | 时　　段 | 色温（K） |
| 日出时 | 2000 | 日出后/日落前20分钟 | 2100 |
| 日出后/日落前30分钟 | 2400 | 日出后/日落前40分钟 | 2900 |
| 日出后/日落前1小时 | 4500 | 日出后/日落前3小时 | 5400 |
| 正午 | 5600 | 阴天 | 6800～7500 |
| 晴朗的北方天空 | 10000 | | |

| 不同光线下的色温表（人造光） | | | |
| --- | --- | --- | --- |
| 时　　段 | 色温（K） | 时　　段 | 色温（K） |
| 火柴 | 1700 | 蜡烛 | 1850 |
| 家用白炽灯100～2500W | 2600～1900 | 家用白炽灯500W | 2900 |
| 电子闪光灯 | 5500 | 荧光灯 | 7000 |

## 用后期完善前期：调校错误的白平衡效果

本例以常用的"色阶"调整图层中的设置灰场工具▨，以人物的裙子为准进行初步的校正处理，待确定了基本的色调后，再使用"色彩平衡"调整图层做进一步的细致校正处理。在校正过程中，要特别注意保持人物皮肤白皙、自然的特性。

详细操作步骤请扫描二维码查看。

➡ 处理后的效果图

⬇ 原始素材图

## 用后期完善前期：模拟高色温下的冷色调

本例是以一张绿色背景的人像照片为例，讲解模拟自定义白平衡拍摄的冷调照片效果。在调整过程中，要注意将环境中的绿色转换为目标蓝色，同时还要注意将人物的色调一并进行调整，但也不要过量调整，最好的结果就是人物具有冷调效果，能够与周围环境相匹配，但又不会过"冷"，以至人物颜色显得怪异。

详细操作步骤请扫描二维码查看。

⬆ 原始素材图

➡ 处理后的效果图

## 增加曝光补偿使皮肤更白皙

在拍摄人像时，在现有测光结果基础上增加0.3～0.7EV的曝光补偿，可以拍出漂亮的人像肤色。

原理就是针对皮肤来测得曝光值，再增加EV的数值让皮肤曝光得比正常曝光还要亮，比较亮的皮肤看起来比较白皙，人物气色也会比较好，所以看起来比较漂亮。

↑ 未增加曝光补偿时的效果

↑ 增加了0.7挡曝光补偿后的效果，可以看出，人物的皮肤看起来更白皙

## 上午时间更容易成就好皮肤

仅从拍出白皙、红润皮肤的角度来说，上午7～10（点）无疑是比较好的选择，因为此时的色调会有一些偏冷，从而可以让皮肤看起来比较红润一些，而下午的色温则逐渐偏向于暖调。

↑ 在上午拍摄的照片，即使是光线直接照射，由于光质比较软，因此也不会形成斑块状的曝光过度情况

105mm ┊ f/5.6 ┊ 1/320s ┊ ISO 100

↑ 在下午拍摄时，光线同样比较柔和，但色调偏向于暖色

135mm ┊ f/4 ┊ 1/80s ┊ ISO 100

## 用后期完善前期：中性灰磨皮法

在本例中，将首先利用填充图层及混合模式，制作一个"观察器"，以用于随时观察需要磨皮的区域；然后利用上述方法，在填充了50%灰色的图层中，涂抹或明或暗的颜色即可。在本例中，为了尽量提高工具效率，还适当加入了高反差保留磨皮法，从而对其中极小的细节进行快速优化处理。

详细操作步骤请扫描二维码查看。

↑ 原始素材图

➡ 处理后的效果图

## 用后期完善前期：用Portraiture插件磨出细致皮肤纹理

Portraiture插件提供了多种磨皮预设供用户选择，通常情况下，使用这些预设就可以得到很好的效果，若不满意，还可以在左侧区域设置自定义参数，以进行深度磨皮处理。另外，有些细节是使用该插件无法处理的，此时可以返回至Photoshop中进行相应的调整。

详细操作步骤请扫描二维码查看。

↑ 原始素材图

➡ 处理后的效果图

第13章

风光摄影用光与曝光实战

# 13.1  风光摄影用光通用技法

## 阳光十六法则

所谓的阳光十六法则，实际就是指在阳光充足的情况下，如晴天的10～15点期间，如果采用f/16的光圈设置，则快门速度可以设置成为感光度数值的倒数。例如在光圈为f/16时，感光度设置成为ISO 100，则可以将快门速度设置成为1/100s。

下面将列出4种不同环境下常见的曝光参数组合。

| 阳光灿烂直射阳光下 | | | 多云天气户外阳光下 | | |
|---|---|---|---|---|---|
| 在户外，当天气晴朗、光线充足时，可以参考下列曝光组合进行设置 | | | 在户外，当晴朗的天空中出现大面积的云彩时，光照的强度会受到一定的影响，此时可以参考下列曝光组合进行设置 | | |
| ISO | T（快门） | F（光圈） | ISO | T（快门） | F（光圈） |
| 100 | 1/100 | 16 | 100 | 1/100 | 11 |
| 100 | 1/200 | 11 | 100 | 1/200 | 8 |
| 100 | 1/400 | 8 | 100 | 1/400 | 5.6 |
| 100 | 1/800 | 5.6 | 100 | 1/800 | 4 |
| 100 | 1/1600 | 4 | 100 | 1/1600 | 2.8 |

| 阴天户外光线下 | | | 下雨时或下雨前户外 | | |
|---|---|---|---|---|---|
| 在阴天环境下，光线的强度已经大打折扣，此时可以参考下列曝光组合进行设置 | | | 下雨时或下雨前，天空被云彩所覆盖，光线比较昏暗，此时可以参考下列曝光组合进行设置 | | |
| ISO | T（快门） | F（光圈） | ISO | T（快门） | F（光圈） |
| 100 | 1/100 | 8 | 100 | 1/100 | 5.6 |
| 100 | 1/200 | 5.6 | 100 | 1/200 | 4 |
| 100 | 1/400 | 4 | 100 | 1/400 | 2.8 |
| 100 | 1/800 | 2.8 | 100 | 1/800 | 2 |
| 100 | 1/1600 | 2 | 100 | 1/1600 | 1.4 |

## 使用偏振镜获得更饱和的色彩

偏振镜可说是风光摄影中必备的滤镜之一，因为户外的光线会存在大量的漫反射，导致物体本身的色彩变得相对较为暗淡，此时就可以使用偏振镜来过滤这些杂光，从而让画面中的色彩变得更为饱和。

↑ 未使用偏振镜时，画面色彩较淡　　↑ 使用偏振镜拍摄得到较为饱和的画面色彩

## 使用渐变镜降低天空的曝光

在风光摄影中，渐变镜几乎是必备的滤镜之一，用于在拍摄带有天空的风光照片时，降低天空区域的进光量。究其原因，主要是由于天空的亮度通常都会低于地面的亮度，因此在相机的曝光时间内，天空容易出现曝光过度的问题，而渐变镜则是专门用于解决这个问题的。

↑ 未使用渐变镜时，天空区域有些曝光过度，色彩也较淡　　↑ 利用方形渐变镜减少天空区域的曝光，从而拍摄到天空与地面区域曝光都正常且色彩更加浓郁的画面

# 13.2 日出日落的用光与曝光技巧

## 拍摄太阳时的测光及对焦技巧

拍摄日出与日落时，较难掌握的是曝光控制。日出与日落时，天空和地面的亮度反差较大，如果对准太阳进行测光，太阳的层次和色彩会有较好的表现，但会导致云彩、天空和地面上的景物曝光不足，呈现出一片漆黑的景象；而对准地面景物进行测光，则会导致太阳和周围的天空曝光过度，从而失去色彩和层次。

正确的曝光方法是使用点测光模式，对准太阳附近的天空进行测光，这样不会导致太阳曝光过度，而天空中的云彩也有较好的表现。

为了保险起见，可以在标准曝光参数的基础上，增加或减少一挡或半挡曝光补偿，再拍摄几张照片，以增加挑选的余地。如果没有把握，不妨使用包围曝光，以避免错过最佳的拍摄时机。

一旦太阳开始下落，光线的亮度将明显下降，很快就需要使用慢速快门进行拍摄，这时若用手托举着长焦镜头会很不稳定。因此，拍摄时一定要使用三脚架。拍摄日出时，随着时间的推移，所需要的曝光数值会越来越小；而拍摄日落则恰恰相反，所需要的曝光数值会越来越高，因此在拍摄时应该注意随时调整自己的曝光数值。

在拍摄日出日落时，对焦也十分重要，一般在设置了小光圈之后，将对焦范围设置到无限远处即可保证画面的清晰范围。必要时也可以选择手动对焦。

↑ 使用点测光对太阳附近的天空进行测光，得到天空层次细腻的夕阳画面

135mm | f/8 | 1/100s | ISO 100

## 针对亮部测光拍摄漂亮剪影

剪影是拍摄日出日落时常用的表现手法，可以让主体更突出，画面更简洁明了，同时也更能烘托出日出日落的气氛。

在逆光条件下拍摄日出日落景象时，由于现场的光比较大，而感光元件的宽容度无法兼顾到拍摄现场中最亮与最暗的部分。在这种情况下，摄影师大多选择将背景中的天空还原，而将前景处的景象处理成剪影效果，即对准天空中较亮的位置进行测光，从而使地面的景物由于曝光不足而形成暗调剪影，从而在增加画面美感的同时营造画面气氛。如果在拍摄时剪影偏灰，可适当做负向曝光补偿，以使剪影呈纯黑，并使画面色彩更加浓郁。

↑ 逆光拍摄时，使用点测光对太阳附近测光，得到地面景物呈剪影效果的画面，这样的表现形式很好地突出了静谧的夕阳景象

200mm ┆ f/6.3 ┆ 1/1000s ┆ ISO 100

## 利用小光圈表现太阳的光芒

为了表现太阳耀眼的光辉，达到烘托画面气氛、增加画面感染力的效果，可在镜头前加装星芒镜，从而得到具有星芒效果的画面。如果没有星芒镜，可以通过缩小光圈的

方式进行拍摄，通常情况下需要选择f/16～f/32的小光圈，因为较小的光圈可以使点状光源显现出漂亮的星芒效果。光圈越小，星芒效果越明显；反之，如果采用大光圈，光线就会均匀分散开，从而无法拍出星芒效果。

→ 由于设置了很小的光圈，得到星芒状效果的太阳，点缀在花海画面中非常醒目

30mm ┆ f/16 ┆ 1/200s ┆ ISO 100

## 彩霞满天的夕阳美景

天空中最美丽的景色莫过于彩霞了，尤其是出现"火烧云"的时候尤为壮观。彩霞分为朝霞和晚霞两种，除了出现时间相反之外，在视觉效果上十分类似。云霞本来没有颜色，而是当太阳未升起或已降落时，在地面上无法看到太阳，而太阳的光线却依然照射在高空中的云霞中，经过尘埃、水气的折射、散射之后，就变成五彩斑斓、绚丽多彩的彩霞了。

使用长焦镜头可以对彩霞的局部进行特写，从而突出彩霞的形状和色彩。使用广角镜头可以拍摄大面积的彩霞，如果在逆光状态下，把地面上的景物也纳入画面，能营造一种具有特殊气氛的画面效果。

当有风的时候，拍摄彩霞应当抓紧时机按下快门按钮，因为在风的吹动下，彩霞往往会变化很大，有些美景转瞬即逝。在曝光时，应当保证彩霞主体的曝光正确，而其他作为前景的景物曝光不足倒无妨，有时还能呈现出美丽的剪影效果。通常情况下会使用略小的光圈，配合较慢的快门速度，所以要使用三脚架进行拍摄。

清晨，太阳还没有升出地平线，天空就染上了艳丽的色彩。傍晚，太阳虽然已经沉入西山，其灿烂的余晖仍然照射在天空的云彩上，使天空的晚霞显得格外美丽迷人。此时，虽然并没有真正看见太阳，但由于其光线形成的云霞却是不容错过的拍摄题材。

拍摄彩霞景应按照天空和天空中云的亮度来曝光，由于彩霞多以红色为基调，而这种颜色的亮度较低，因此，如果按照曝光数值进行拍摄，容易曝光过度。所以，按白加黑减的曝光补偿理论，拍摄时应该适当地减少1～2挡的曝光量。

↑ 表现漫天彩霞的水景时，对称式构图使画面看起来很有张力

135mm ┊ f/7.1 ┊ 1s ┊ ISO 100

## 拍出阳光透过云层的穿透感

放射线的视觉张力很强，可使画面看起来更有视觉冲击力。

放射光线通常是在日出日落时，太阳进入云层后，由云彩的间隙中透射出来的光线形成的。此时是在多云的天气拍摄霞光万丈的良好时机，拍摄时应注意太阳位置的变化，当太阳进入云彩后面时，迅速运用点测光，对准太阳附近的云彩亮部进行测光，这样才能保证得到光芒万丈的效果，并且天空中云层的细节也能得到最大程度上的保留。

如果在拍摄时太阳也在画面中出现，应该考虑使用较小的光圈，从而使太阳的光芒在画面中表现为漂亮的星芒。

→ 为了使穿透云彩的光线看起来更有张力，拍摄时使用了广角镜头，而明显的透视效果使画面看起来很有空间感

75mm ┊ f/9 ┊ 1/1000s ┊ ISO 100

## 用后期完善前期：为照片添加霞光效果

在本例中，主要是结合"曲线""色阶"及"可选颜色"命令调整照片的色调，并结合"径向模糊"、颜色填充及图层混合模式等功能，制作放射状的光线效果，并改变照片光线的色调。

详细操作步骤请扫描二维码查看。

↑ 原始素材图

→ 处理后的效果图

## 夕阳时分的金色调

在夕阳西下时分，色温较低，画面呈现暖色调效果，此时再使用用于平衡冷色调的"阴天"白平衡，可以让画面显得更暖，即拍摄出金色夕阳的色调效果。如果还想要更暖的色调，则可以使用"阴影"白平衡，这样得到的色彩会更加浓烈。当然在拍摄时，当时的光照是否强烈、空气是否通透，也是影响最终色彩的重要因素。

← 使用"阴天"白平衡拍摄得到的暖调夕阳效果

265mm ┆ f/8 ┆ 1/800s ┆ ISO 100

## 用后期完善前期：利用渐变映射制作金色的落日帆影

在本例中，主要使用"渐变映射"命令，为照片叠加新的色彩，以创建金色夕阳的基本色调；然后使用"曲线"命令，结合图层蒙版功能，分别对剪影和剪影以外的区域进行色彩及亮度的优化。

详细操作步骤请扫描二维码查看。

↑ 原始素材图

→ 处理后的效果图

## 13.3 山峦拍摄的曝光要点

### 利用侧光表现山的坚毅感

当侧光照射在表面凹凸不平的物体表面时，会出现明显的明暗交替光影效果，这样的光影效果使物体呈现出鲜明的立体效果及强烈的质感。要利用这种光线拍摄山脉，应该在太阳还处在较低的位置时进行拍摄，这样即可获得漂亮的侧光，使山体由于丰富的光影效果而显得极富立体感。

➡ 侧光下的山体明暗分明，将山的坚毅感表现得很突出

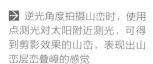
90mm ┆ f/10 ┆ 1/250s ┆ ISO 100

### 利用逆光表现漂亮的山体轮廓线

运用逆光拍摄山体可以得到线条优美的黑色轮廓效果，结合云雾拍摄，还可以获得渐变的黑白灰效果，强化其轮廓在画面中的表现。层层的剪影不仅突出呈现其连绵起伏之貌，还使画面更具有形式之美。在实际拍摄时，如果发现剪影轮廓不够明显，可以适当地将曝光值降低1~2挡，即能克服此问题，并获得不错的画面效果。

➡ 逆光角度拍摄山峦时，使用点测光对太阳附近测光，可得到剪影效果的山峦，表现出山峦层峦叠嶂的感觉

200mm ┆ f/5.6 ┆ 1/1250s ┆ ISO 100

## 利用侧逆光表现山体的光线透视感

要想突出山体的轮廓感，可选择侧逆光。由于侧逆光会使山体面向相机的一侧几乎处于阴影之中，只有一小部分受光，使山体形成好看的轮廓光，因此可以突出山峦的空间感和立体感。

在利用侧逆光拍摄时，可增加曝光量以提高画面亮度。

↑ 从山体斜射过来的侧逆光线为其涂上了金丝般的外衣，为山峦增添了神圣的感觉，也增加了画面的空间感

135mm ┊ f/5.6 ┊ 1/500s ┊ ISO 100

## 运用局部光线拍摄山川

局部光线是指在阴云密布的天气中，阳光透过云层的某一处缝隙照射到大地上，形成被照射处较亮，而其他区域均处于较暗淡的阴影中的一种光线。这种光线不属于顺光、逆光等按光线的方向所区分的类型，其形成带有很大的偶然性。

在阳光普照的情况下拍摄山川，画面影调显得比较平淡，而如果在拍摄时碰到了可遇而不可求的局部光线，则应该抓住这一时机，利用局部光线使画面的影调得到改善。

遇到阳光从天空的云层缝隙中透射出来，只照亮地面一部分，而其他景物处在阴影中时，此时环境中的画面会由于云层的移动而产生明暗不定的效果，是每一位风光摄影师都应抓住的摄影良机。

← 傍晚的光线色温较低，在局部光线的照射下，雪山呈现出日照金山的效果，在暗调的画面中显得非常突出

220mm ┊ f/16 ┊ 1/200s ┊ ISO 100

## 灵活设置白平衡营造山景的氛围

可以利用不同的白平衡模式拍摄山景，营造特殊的画面效果。而日出后半小时是拍摄有特殊效果山景的好时机，这时的光线色温较低，天空的色彩比较偏暖，由于天空较暗，与地面的亮度反差就不会很大。拍摄时可尝试将白平衡设置成不一样的模式，多尝试几种不一样的设置，可得到不同寻常的效果。

➡ 这是用荧光灯白平衡拍摄呈现的冷色调效果，画面看起来非常清新、自然

| 18mm | f/16 | 1/25s | ISO 200 |

➡ 这幅是用阴影白平衡拍摄的呈暖色调效果的作品，画面色彩绚丽又很有神秘感

| 24mm | f/18 | 1/13s | ISO 100 |

通过这两幅作品的对比，可以看到白平衡对画面的影响，在以后的拍摄过程中，摄影爱好者们可以根据所要表现的画面来设置白平衡。

# 13.4 水景的用光与曝光技巧

## 散射光突出水流的温婉

在散射光的照射下，能够细腻地刻画拍摄对象的细节。在拍摄水流时，为避免局部的光线直接造成照片曝光过度，可以选择在散射光线环境下进行拍摄。在阴影处、阴天环境下，都可以遇到类似的光线。

← 散射光环境下，水流呈现较为柔和的感受

## 低角度逆光呈现波光粼粼的水面

微风徐徐之时，平静的水面会泛起层层波纹；在柔和的阳光照射下，波光粼粼，给人美轮美奂的惬意感觉。拍摄此时的水面应注意选择逆光光线，从低角度进行拍摄，从而更好地表现波纹的层次感。

← 水面上淡淡的光星星点点，与天边薄薄的一层晚霞相互呼应，让整个画面温馨而略带一丝伤感

228mm ┊ f/8 ┊ 1/2000s ┊ ISO 100

## 晴朗天气拍摄清澈见底的水景效果

静止的水面就像一面镜子，如实地反射出天空的影子，所以，单纯使用相机镜头拍摄水面时，都会或多或少地产生反光现象。如果遇到一些清澈见底的水面，为了将其清凉、透彻的视觉效果完美表现出来，就需要用到偏振镜（拍摄水面时为了确保水平线平衡，可在取景器中显示电子水准仪）。

通过在镜头前方安装偏振镜，过滤水面反射光线，可以将水面拍得很清澈透明，使水面下的石头、水草都清晰可见，这是拍摄溪流和湖景的常见手法，拍摄时必须寻找那种较浅的水域。清澈透明、可见水底的水面效果，很容易给人以透彻心扉的清凉感觉，这种拍摄手法不仅能够带给观众触觉感受，还能够丰富画面的构图元素。如果水面和岸边的景物，如山石、树木光比太大无法兼顾，可以分别拍摄以水面和岸边景物为测光对象的两张照片，再通过后期合成处理得到最终所需要的照片，或者采取包围曝光的方法得到3张曝光级数不同的照片，最后合成在一起。

➜ 当镜头光轴与水面夹角为30°时，偏振镜的效果最好，此时最易拍出清澈见底的水景画面，给人一种晴天空气通透的感觉

18mm ｜ f/8 ｜ 1/400s ｜ ISO 100

## 使用高速快门捕捉水花飞溅的瞬间

通常情况下，快门速度达到1/500s以上时，就可以清晰地定格住水花飞溅的状态。无论是使用光圈/快门优先模式，还是手动模式，都要特别注意是否会造成曝光不足的问题，适当增大光圈或提高感光度数值，可以提高快门速度，或者在相同快门速度下，获得更多的曝光。

◀ 使用1/800s的快门速度定格飞溅的水花

150mm ┆ f/9 ┆ 1/800s ┆ ISO 400

## 延长曝光时间拍摄丝滑水流

绵延柔美的水流只是一种画面效果，在自然界中是不存在的。若想将水流拍出丝滑的效果，需要进行较长时间的曝光。为了防止曝光过度，应使用较小的光圈来拍摄，如果画面还是过亮，应考虑在镜头前加装中灰滤镜，这样拍摄出来的水流是雪白的，就像丝绸一般。

为了获得绵延的效果，可以选择低角度仰拍水流的手法，增加溪流的动感，尽可能多地展现水流的轨迹，增加其绵延之感。需要注意的是，由于使用的快门速度很慢，所以一定要使用三脚架进行拍摄。

➡ 延长曝光时间拍摄出丝滑的水流，与海面暗调的岩石形成动静对比的效果

27mm ┆ f/11 ┆ 7s ┆ ISO 100

## 利用不同的色调拍摄海面

自然界中的光线千变万化，不同的光线、不同的时段可以产生不同的色调，以不同的色调拍出的海面效果也不同。例如，暖色调的海面给人温暖、舒适的感觉，画面呈现出一派祥和的气氛；而冷色调的海面则给人以恬静、清爽的感觉，最能表现出宁静、悠远的意境。

→ 采用长时间曝光在夜晚拍摄大海，海面呈现为冷调的蓝色，月光的照射使画面更有意境

| 17mm | f/13 | 75s | ISO 100 |

## 使用闪光灯照亮海面前景人为地制造"亮点"

在拍摄海面时很少使用闪光灯，因为此类题材的摄影作品通常都有较大的景深，而闪光灯的照射距离是有限的，只能照亮距离闪光灯较近的景物，因此在拍摄时应多利用自然光线。

但实际上，如果拍摄时光线比较暗，完全可以使用闪光灯为平淡的画面制造"点睛"之处，即用其照亮海面的前景景物，如礁石、鹅卵石等，从而很好地丰富画面层次，并使画面出现引人瞩目的"亮点"。

→ 开户闪光灯对画面进行补光，使近景得到了合适的亮度，而又不影响远景的色彩表现

| 24mm | f/16 | 1/160s | ISO 100 |

# 13.5 林木的用光与曝光技巧

## 用小光圈捕捉林间穿射的光线

林中光线条件好的时候，光线会从笔直的树干之间一缕缕地射进来。捕捉这种景象要使用小光圈制造大景深，保证光线以及树干的清晰度和质感；同时减少曝光补偿，压暗森林内部的杂光，使投射光线的线条更加突出。

← 从高大笔直的树干之间穿透出来的阳光，投射在林中绿地上，是大片的亮光。降低曝光补偿，压暗林内亮光度，着力表现这部分投射光，能让照片具有特殊意义

75mm ┊ f/5.6 ┊ 1/80s ┊ ISO 100

## 用后期完善前期：模拟逼真的丁达尔光效

在茂密的树林中，常常可以看到从枝叶间透过的一道道光柱，类似于这种光线效果，即是丁达尔效应。在实际拍摄时，往往由于环境的影响，无法拍摄出丁达尔光效，或是效果不够明显。本例就来讲解通过后期处理制作逼真的丁达尔光效的方法。

详细操作步骤请扫描二维码查看。

➡ 原始素材图（左图）

➡ 处理后的效果图（右图）

## 利用逆光拍摄树木的剪影效果

除了密林中的树木外，许多生长在草原等较空旷地方的树木都可以采用轮廓线的表现手法，使画面呈现有鲜明的轮廓线条的形式美感。

要拍出这样的效果，应该在清晨或傍晚迎着太阳进行拍摄，用点测光模式对准天空中较亮的位置进行测光，从而使地面上的树木由于曝光不足呈现出剪影轮廓线条。如果拍摄的场景中树木的前方有较大的活动空间，则树木会在光线下拖出一条条长长的树影，不仅使画面有了极佳的光影效果，还能增强画面的空间感。

→ 使用点测光对天空处测光，得到剪影效果的树木，在干净的天空衬托下，树木的线条轮廓非常突出

17mm ┊ f/5.6 ┊ 1/1250s ┊ ISO 100

## 用后期完善前期：蓝紫色调的意境剪影

在本例中，首先是为照片设置了一个"相机校准"，以利于后面的色彩调整。然后结合"基本"和渐变滤镜工具对照片中的蓝色和紫色分别进行强化处理。另外，由于拍摄本照片的相机的感光元件上覆着了灰尘，导致画面存在一些斑点，因此在最后还需要将它们修除。

详细操作步骤请扫描二维码查看。

↑ 原始素材图

→ 处理后的效果图

## 用逆光表现半透明的树叶

要想拍摄出晶莹剔透的树叶，首先要选择长焦镜头，再配合使用大光圈。利用长焦镜头可以压缩空间、大光圈可以虚化背景这些特点，将拍摄对象从凌乱的背景中抽离出来，从而使主体更加突出，并在此基础上采用逆光进行拍摄。而对于背景，通常选择偏暗的影调，更能凸显出主体叶片的透亮。在曝光补偿的控制上，可以遵循背景过亮增加EV值，背景过暗减少EV值的原则进行调整，以获得更为理想的画面效果。

➡ 画面中绿色的树叶在虚化背景的衬托下呈现出半透明的效果，给人一种清透的感觉，拍摄时可使用点测光对较亮处进行测光

| 90mm | f/1.8 | 1/250s | ISO 100 |

## 用后期完善前期：修复曝光严重不足的树叶照片

调整曝光严重不足的照片时，主要可以分为调曝光与调色彩两部分。在调曝光时，主要是对中间调与暗部进行提亮处理，此时应特别注意保留高光区域的细节，另外还要注意避免调整过度，导致照片缺少明暗层次，甚至由于明暗不协调而出现失真的问题。调整得到恰当的曝光后，再对照片的色彩进行美化处理即可。

详细操作步骤请扫描二维码查看。

⬆ 原始素材图

➡ 处理后的效果图

## 拍摄树影展现光影之美

在拍摄树林时，如果只是单纯地拍摄一棵树未免显得太过单调，可以借助周围的环境来美化画面。通常可以选择夕阳时分进行拍摄，此时的光线角度比较低，如果使用点测光对亮处进行测光，可使树木在画面中呈现为剪影效果，地面上的阴影也会加重。拍摄时可将阴影也纳入画面，呈放射状的深色阴影好似钢琴的琴键，看起来有一种韵律美感。

➡ 在太阳升起不久时以逆光拍摄树林，树干的影子呈线条状平铺在地面上，暖调的画面中光影交织，很有形式美感。由于拍摄时使用了广角镜头，因此投影呈放射状，起到了增强画面空间感的作用

20mm｜f/10｜1/20s｜ISO 100

## 利用散射光拍摄树林梦幻的雾气

由于树木的光合作用，林间早晚常会出现雾气。雾气升腾，薄如轻纱，使林间光影朦胧、若隐若现，形成很好的空间透视效果，从而渲染出平和、宁静、神秘的意境，具有独特的视觉魅力，给观者以猜测和遐想。

➡ 利用垂直线构图使大雾弥漫的树林有着规整的秩序美感，柔和的树林画面散发着神秘的气息

50mm｜f/6.3｜1/50s｜ISO 100

# 13.6 雪景的用光与曝光技巧

## 增加曝光补偿以获得正确的曝光

拍摄雪景，特别是拍摄雪山、雪原等白雪占据大部分画面的照片时，会有强烈的反射光存在。由于相机的测光表是以18%中性灰为标准的，所以对雪进行测光后受反射光影响可能会降低1～2（挡）曝光量。

此时要增加1～2（挡）曝光补偿才能正确曝光，拍摄到洁白的雪景。

➡ 选择合适的光线、合适的机位拍摄雪景，适当增加曝光补偿，增加画面饱和度，可以营造出童话般的意境

10mm ┊ f/11 ┊ 1/250s ┊ ISO 200

不过曝光补偿需按实际情况而定，过多的曝光补偿会使雪失去原有的层次，变得白茫茫一片。拍摄前，可以避开雪景对着皮肤进行测光。因为皮肤属于中间灰度，方便得到较合适的测光值，然后记录下得到的数值，再切换到M挡进行拍摄。

↑ 正确测光后，才能真实还原雪景的本色。照片中利用"雪树"在月光下的投影与大片的白色形成对比，增强画面的感染力，这也是非常可取的

100mm ┊ f/8 ┊ 1/100s ┊ ISO 400

## 用侧光突出雪地层次

拍摄雪地时，可以用侧光拍摄，由于侧光有强烈的明暗反差，在画面中可以体现出对比明显的受光面、背光面和投影关系，有利于突出表现雪地的层次，画面中明暗对比强烈，使得画面有一种很强的立体感与造型感。

→ 利用测光的特点拍摄雪景，突出表现雪地的层次，使得画面有一种很强的立体感与造型感

7mm ┊ f/5.6 ┊ 1/1250s ┊ ISO 200

## 侧逆光呈现雪的立体感

挂满霜雪的树挂用侧逆光表现是最理想不过的光线了，侧逆光使树挂的受光面积小于背光面积，阴影暗部大，而光亮部小，从而给画面增添了厚重的体积感。

→ 黄昏时分的光线给画面渲染了一层红色，低角度的照射，使拍摄对象的投影较长，给整个画面带来了很强的立体感，再加上天空上的颜色，营造了梦境一般的氛围

35mm ┊ f/16 ┊ 1.3s ┊ ISO 100

## 逆光呈现冰晶的质感

　　拍摄高亮度冰雪时，首先，在光线的选择上适宜选择在逆光光线下进行拍摄，这时冰雪细微的明暗变化会被加强出来，增强立体感；其次，在背景的选择上，可以考虑带有强烈色彩感的背景，例如清晨时段低色温的冷蓝色影调，可为冰雪镀上一层瑰丽的色彩，增强整体画面的感染力。

采用蓝天作为背景，表现冰晶的透明感

185mm ┊ f/13 ┊ 1/250s ┊ ISO 100

## 高色温时拍摄蓝调雪景

　　在拍摄蓝调雪景时，画面背景色的最佳选择莫过于蓝色，因为蓝色与白色的明暗反差较大，因此当用蓝色映衬着白色时，白色会显得更白，这也是为什么许多城市的路牌都使用蓝色的底、白色的文字。

　　拍摄的时间应选择日出前或偏下午时分，日出前的光线仍然偏冷，因此可以拍摄出蓝调的白雪，偏下午时分的光线相对透明，此时可以通过将白平衡设置为色温较低的类型，来获得色调偏冷的雪景。

　　为了使蓝色看上去更加纯粹、透澈，拍摄时应该使用偏振镜。

　　拍摄雪景时，将天空也纳入画面，衬托得雪原更加洁白，画面看起来非常干净、明亮

20mm ┊ f/11 ┊ 1/125s ┊ ISO 100

## 日出日落前后逆光拍摄金色的林海雪原

在日出日落前后，逆光的情况下，拍摄有冰凌或雾凇的丛林，可以很容易地拍摄出染有辉煌金色的林海雪原，这样的画面比橙色的雪景更加耀眼、明亮，色调更加饱和、纯粹。

拍摄时要注意太阳的位置既不能太高，也不能太低，应该比画面主体稍高30°左右，太阳位置太高，无法形成有效逆光而偏于顶光，太阳位置太低在构图时无法通过太阳的光晕为画面染色，并且树上的冰凌或雾凇无法很好地反射光线，不能使其看上去有透明感。

↑ 夕阳将雪原渲染成了金黄色，与背阴处的蓝调形成冷暖对比效果，丰富了画面的色彩和层次

24mm ┊ f/5.6 ┊ 1/20s ┊ ISO 100

## 日落后拍出神秘幽静的紫色雪景

当太阳落山后，天空中残余的蓝色会迅速改变成为紫色，此时在天空的映衬下，雪地的颜色也会由紫红色转变为蓝紫色，随着时间的推移，天空中的紫色会越来越深，最终转变为黑色，这一系列的色彩转变时间短暂，因此摄影师拍摄时要以"先拍到，后拍好"为原则。

如果要拍摄出有紫红色调的雪景，最好选择太阳落山后，以能够通过余光照射到的雪山为拍摄对象；如果要拍摄出有蓝紫色调的雪景，则应该选择背阴处，那里的雪景在色调方面看上去更蓝一些。

↑ 夕阳为冷调的雪山抹上了一层淡淡的紫色，为了增加画面的色彩饱和度，减少了曝光补偿，得到的蓝紫调雪山画面看起来很梦幻

35mm ┊ f/13 ┊ 1/160s ┊ ISO 400

## 13.7　云雾的用光与曝光技巧

### 长时间曝光拍摄有动感的流云

很少有人长时间地盯着天空中飘过的流云，因此也就很少有人思考头顶上的云彩来自何方，去向那里，但如果摄影师将镜头对着天空中看上去漂浮不定的云彩，则一切又会变得与众不同。

在低速快门下进行拍摄，云彩会在画面上留下长长的轨迹，呈现出很强的动感。要拍摄这种效果，需要将相机固定在三脚架上，采用B门进行长时间曝光。在拍摄时为了避免曝光过度，导致云彩失去层次，应该将感光度设置为ISO 100这样一个较低的数值，如果仍然会曝光过度，可以考虑在镜头前面加装中灰镜，以减弱进入镜头的光线。

◀ 长时间曝光拍摄流云时，由于使用了三脚架来固定相机，得到清晰而又有张力的画面效果

| 27mm | f/8 | 20s | ISO 100 |

### 调整白平衡改变云雾整体色调

在清晨或傍晚拍摄云雾时，画面的色调较容易得到统一，此时可以通过设置白平衡，得到更显著的冷调或暖调效果。例如，在夕阳时分，使用"阴影"白平衡可以让画面变得更暖。

◀ 在日落时分拍摄云雾时，将白平衡设置为阴影模式，得到橙黄色的画面，浓郁的色彩更好地渲染出画面气氛

| 200mm | f/7.1 | 1/60s | ISO 200 |

## 增加曝光补偿拍摄云海迷雾

顺光或顶光下，雾气会产生强烈的反射光，容易导致整个画面苍白、色泽较差且没有质感。而借助逆光、侧逆光或前侧光来拍摄，更能表现画面的透视感和层次感，画面中光与影的效果能呈现出一种更飘逸的意境。逆光或侧逆光还可以使画面远处的景物呈现剪影效果，使画面更有空间感。

在选择了正确的光线方向后，还需要适当调整曝光补偿，因为雾是由许多细小的水珠形成的，可以反射大量的光线，所以雾景的亮度较高，因此根据白加黑减的曝光补偿规律，通常应该增加1/3～1挡左右的曝光补偿。

调整曝光补偿时，要考虑所拍摄的场景中雾气的面积，面积越大意味着场景越亮，就越应该增加曝光补偿，面积很小则可以考虑不增加曝光补偿。当然，同时还需要注意的是，如果对于曝光补偿的增加程度把握不好，那么建议还是以"宁可曝光不足也不可曝光过度"的原则进行拍摄。因为在曝光不足的情况下，还可以通过后期处理进行提亮（会产生一定的杂点），但如果是曝光过度，那么就很难再显示出其中的细节了。

→ 为了突出洁白的雾气，除了拍摄时增加曝光补偿外，蓝天的衬托也很重要，画面看起来非常简单、干净

35mm ┆ f/13 ┆ 1/100s ┆ ISO 100

→ 由于拍摄时增加了曝光补偿，得到的画面中的雾气很洁白，与近景中暗调的山景形成了很好的明暗对比

200mm ┆ f/10 ┆ 1/80s ┆ ISO 100

## 选择合适的光线拍摄雾景

顺光下拍摄薄雾中的景物时，强烈的散射光会使空气的透视效应减弱，景物的影调对比和层次感不强，色调也显得很平淡，景物缺乏视觉趣味。

拍摄雾景最合适的光线是逆光或侧逆光，在这两种光线照射下，薄雾中除了散射光外，还有部分直射光，雾中的物体虽然呈剪影状态，但这种剪影是受到雾层中的散射光柔化了的，已由深浓变得浅淡，由生硬变得柔和。

随着景物在画面中的远近不同，其形体的大小也呈现出近大远小的透视感，色调同时产生近实远虚、近深远浅的变化，从而在雾的衬托下形成浓淡互衬、虚实相生的画面效果。因此，最好在逆光或侧光下拍摄雾中的景物，这样整个画面才会显得生机盎然，韵味横生，富有表现力和艺术感染力。

↑ 在夕阳光的笼罩下，弥漫着雾气的树林呈现出金黄色的效果，给人一种神秘、悠远的感觉

200mm | f/6.3 | 1/80s | ISO 100

## 用后期完善前期：林间唯美迷雾水景处理

本例在曝光处理方面，主要是以提升画面各部分的对比为主，让其显现出清晰的层次，但要注意，对于雾气较浓的地方，可能会产生"死白"的问题，此时应充分利用RAW格式的优势，进行恰当的恢复处理；在色彩处理方面，本例将原本以绿色为主的树木，调整成为以暖色为主的效果，以更好地突出画面的唯美意境。

详细操作步骤请扫描二维码查看。

↑ 原始素材图

→ 处理后的效果图

## 运用偏振镜得到干净的蓝天白云的画面效果

虽然，蓝天白云绿草地类的照片，已经使许多人有审美疲劳的感觉，但即使面对这样的场景，如果不认真拍摄，也很有可能拍摄不出来想要的效果。

要拍摄蓝天白云感觉的照片，首要条件是天气必须晴朗。身处城市、工矿这样的地方，还要注意看空气的质量是否有明显污染，否则拍摄出来的天空会有灰蒙蒙的感觉，因此在乡村、草原等少污染地区更容易拍摄出更美的天空。

即使在晴朗的好天气拍摄时，也要注意以下事项，否则可能无法拍摄出漂亮的照片。

■ 为了避免拍摄时有杂光进入镜头，拍摄的时候要使用遮光罩，并背对着太阳进行拍摄。

■ 为了拍摄出更蓝的天空，拍摄时要使用偏振镜。

■ 在曝光方面，应该做1/2挡左右的负向曝光补偿，因为在稍显曝光不足的时候才能拍摄到更蓝的天空。

■ 有时天空与地面的亮度相差很大，此时如果以地面的风景测光进行拍摄，天空会曝光过度甚至会变成白色，而如果针对蓝天进行测光，地面又会由于曝光不足而表现为阴暗面。

■ 为了避免这种情况，拍摄时应该使用中灰渐变滤镜，并将渐变镜上较暗的一侧安排在画面中天空的部分，以减少天空、地面的亮度差异。

↑ 拍摄蓝天白云照片时使用偏振镜，可以提高蓝天的饱和度，减少白云中的杂光，从而获得理想的画面效果

18mm ┊ f/7.1 ┊ 1/1000s ┊ ISO 200

# 第14章

动物摄影用光与曝光实战

## 14.1 动物的用光与曝光技巧

### 用强光突出动物皮毛的光泽

　　多数动物都有漂亮的皮毛，柔软而有光泽的皮毛总是让人忍不住想要抚摸一番，拍摄动物时也可着重来表现这点。逆光角度拍摄可以很好地表现动物光滑的皮毛质感。拍摄时，利用强光打在动物的身上，并且选择深色的背景，通过强光的照射，可形成一圈好看的轮廓光，并且容易突出动物皮毛光洁、柔顺的特点。

↑ 硬光下拍摄老虎时，在深色背景的衬托下老虎的皮毛看起来非常有光泽，表现出森林之王的气势

| 320mm | f/6.3 | 1/1600s | ISO 400 |

## 逆光拍出别具一格的动物剪影效果

如果厌倦了顺光表现动物的话，不妨尝试一下逆光全景拍摄。把经常用在人物或风景上的剪影效果用来拍摄动物，也许会有意想不到的视觉感受。

逆光下动物的体毛色彩和细节已经全部消失，全部呈黑色，但是轮廓却能清晰地呈现。因为画面中有大面积的黑色，这样拍摄到的画面有一种特殊的气氛。

拍摄时间应选择清晨或傍晚，太阳刚刚升起或将要降落的时候，光线较为柔和，也容易寻找逆光的角度。曝光时应对准天空较亮的部位测光，这样能使天空获得合适的曝光，而动物和其他地面景物则会因曝光不足而呈现大片的黑色。注意，如果对准动物测光，由于在逆光状态下受光较少，相机会自动增加曝光时间来实现充足曝光，这样会使天空曝光过度而呈现一片死白，整幅画面也得不到剪影的效果。

↑ 即使以剪影的形式来表现，鹿角的辨识度还是很高的，以夕阳火红的天空为背景使画面看起来很有形式美感

190mm ┆ f/6.3 ┆ 1/1000s ┆ ISO 100

## 利用眼神光为动物提神

"眼睛是心灵的窗户"，透过眼睛可以观察出喜怒哀乐，通过对眼神的精彩抓拍，能使摄影作品更具感染力与魅力，传达出更多的画面信息。要实现对动物眼睛精彩形态和神情的抓取，需要摄影师具有敏锐的洞察力，把握好时机进行拍摄。

动物对于异常动静的反应非常敏锐，即便是在睡眠状态下它们也会保持非常灵敏的反应力，一个轻微的声响都可以让它们惊醒。而野生动物由于其生存环境的残酷与艰难，更决定了它们必须时刻保持警醒的状态，才能够生存下来。此时，利用长焦镜头，以特写的形式表现它们的眼睛，才能更突出其灵敏性与机警性。

→ 豹子嘶吼时犀利的眼神非常有震撼力，利用小景深可以使其在画面中更加突出，增强作品的艺术感染力

230mm ┆ f/3.2 ┆ 1/1000s ┆ ISO 800

## 14.2　鸟类的用光与曝光技巧

### 用顺光突出羽毛色彩

　　顺光拍摄鸟儿，由于鸟儿为纯正面沐浴在光源中，其展现出来的画面将是一张几乎没有明暗影调和层次感的照片。在顺光照射下的鸟儿受光均匀，画面柔和自然，充满了真实感。

→ 画面以顺光表现鸟儿，因为鸟儿是在树上，所以会在树叶上留下很重的阴影，但是鸟儿本身的羽毛色彩却显得很真实自然

400mm ┆ f/6.3 ┆ 1/250s ┆ ISO 400

### 用侧光表现层次丰富的羽翼

　　侧光营造的立体感极佳，在拍摄鸟儿时，用来表现鸟儿羽翼的层次效果非常理想，而且明暗分明很适合拍摄鸟儿的特写。不过由于侧光可以制造出明暗分明的画面，所以对控制能力要求比较严格，在使用时需要多多练习。

→ 鸟儿处于侧光面，所以画面明暗对比分明，鸟儿立体感强烈

300mm ┆ f/9 ┆ 1/80s ┆ ISO 400

## 用侧逆光为翅膀镶上一层金边

在拍摄鸟儿时，侧逆光拥有同逆光一样的勾勒拍摄对象轮廓的作用，但侧逆光大多数时都只作用于拍摄对象的一侧，从而表现拍摄对象一侧的线条美感，并且能够有少量的光照射到拍摄对象的侧面，增加拍摄对象的立体感。

↑ 利用侧逆光拍摄，可以表现拍摄对象一侧的线条美感，增加拍摄对象的立体感

300mm ┊ f/4 ┊ 1/640s ┊ ISO 200

↑ 利用逆光拍摄鸟儿，使画面主体呈现剪影的形式美，也是摄影师常用的拍摄手法

420mm ┊ f/5.6 ┊ 1/800s ┊ ISO 200

## 用逆光表现别具韵味的剪影效果

在运用逆光拍摄鸟儿时，由于纯逆光作用下曝光得到的画面将是黑色剪影的拍摄对象，因此逆光也常常运用在剪影的表现手法上。

而在配合着其他光线时，拍摄对象背后的光线和其他光线会产生一个强烈的光比，从而使鸟儿被逆光勾勒出美妙的线条。也正是因为逆光的这种戏剧性极高的艺术效果，逆光也被称为"轮廓光"。

↑ 采用大场景来陪衬拍摄对象，使主体与背景融合，突出主体

150mm ┊ f/5.6 ┊ 1/6000s ┊ ISO 400

## 适当减少曝光量突出鸟类羽毛的固有色

鸟儿羽翼的色彩是应重点表现的部分，拍摄时应注意环境色与鸟儿羽翼色彩的协调，以让其在画面中表现得更为突出。

绝大多数鸟类都有绚丽的羽毛，在画面中再现其质感与色彩是拍摄鸟儿的关键，拍摄时要注意以下两个方面的问题。

首先，为了确保画面中鸟的羽毛有纤毫毕现的感觉及良好的成像质量，通常应该将镜头的最大光圈收缩1～2挡再进行拍摄，尽量不使用最大光圈。

其次，把握准确的曝光量，避免由于曝光过度导致鸟儿的羽毛没有细节，或者曝光不足导致鸟儿的羽毛模糊成一片的情况。具体拍摄时，如果鸟儿的背景较暗，如处在树丛中和水中，要适当减少一些曝光量；反之，如果鸟的背景较亮，如拍摄天空中的鸟儿，要适当增加曝光量，具体补偿多少视现场情况而定。此外，拍摄鸟的特写时，由于鸟儿的身体将占据整个画面，因此也要注意鸟儿羽毛的颜色，要按照"白加黑减"的原则调整曝光量。

↑ 降低曝光补偿不仅使老鹰的羽毛纹理更加清晰，也压暗了绿色的背景，使得老鹰在画面中更加突出

270mm ┊ f/2.8 ┊ 1/800s ┊ ISO 800

## 通过明暗对比突出光影中的鸟儿

在拍摄鸟儿时，顺光能够表现鸟儿色彩丰富的羽翼，逆光能够表现鸟儿优美的体形，而点光则能够在阴暗、低沉的环境中照亮鸟儿，从而使其在画面中显得格外突出、醒目。当然这种光线是可遇而不可求的，其成因与太阳、云彩或树枝等环境因素的位置有很大关系。

利用这种光线拍摄鸟儿时，应该用点测光针对画面中相对较明亮的鸟儿身体进行测光，或者降低1挡曝光补偿，从而使环境以暗调呈现在画面中，而鸟儿的身体则相对明亮。

## 为照片添加情感特色

鸟类的情感世界与人类并没有本质不同，生老病死、爱恨离别在鸟类中同样存在，只是人类无法读懂。

拍摄到一个漂亮的画面固然能够令人赞叹，而一个有意义、有情感的画面却会令人难忘。因此，在拍摄鸟儿时，应该注意捕捉鸟儿之间争吵、呵护、关爱的场景，以艺术写意的手法来表现鸟儿在自然生态环境中感人至深的情感，这样的画面就具有了超越同类作品的内涵，使人感觉到画面中的鸟儿是鲜活的。

↑ 以深色背景拍摄白色的鸟儿，在顺光下，白色鸟儿的羽毛细节表现得很细腻

320mm ┆ f/4.5 ┆ 1/1250s ┆ ISO 800

← 将水面作为背景，拍摄两只相互依偎的天鹅，既明确交代了环境要素，又通过天鹅的神态使画面更富有情感韵味

235mm ┆ f/5 ┆ 1/800s ┆ ISO 200

第15章

花卉、昆虫及微距摄影用光与曝光实战

# 15.1　花卉的用光与曝光技巧

## 柔光让花卉细节更细腻

　　利用顺光照明拍摄出来的微距照片，由于没有明显的阴影，画面比较柔和，适合表现拍摄对象的固有色彩和结构。例如，在顺光条件下拍摄花卉，就可以将花卉的颜色表现得非常鲜艳。

➡ 柔光下拍摄的画面中，花卉受光均匀，影调柔和，其细节处也表现得很细腻

| 90mm | f/2.8 | 1/320s | ISO 100 |

## 直射光让植物更清新

　　直射光即直接照射在拍摄对象上的光线，此时画面可以给人以明朗、清新的感受。在拍摄时，要特别注意可能存在的曝光过度问题，以免影响整体画面的表现。

➡ 直射光照在花朵上，色彩明度非常高，给人清新、明朗的感受

## 逆光表现花卉的透明感与轮廓

　　逆光照射是指从花卉的后侧进行照明，一般花卉在画面上表现为剪影。如果花瓣的质地较薄，会使其呈现出透明或半透明的状态，从而更加细腻地表现出花朵的质感、层次和花瓣的纹理。在运用这种角度的自然光时，要特别注意对花卉进行补光并选用较暗的背景进行衬托，这样才能更加突出地表现花卉的形象。

　　早晨，太阳处于天空较低的位置。在背光的条件下，花朵看起来尤为明亮、生动。当阳光穿过红色或橙黄色的透明花瓣时，会反射出亮光。

　　在太阳完全落山后，色温极高的天空光则成为照明的主要光源。这时拍摄的花朵完全笼罩在蓝色之中，神秘而又不失对色彩的表现。形态粗大、枝叶结构简单的孤立植物适合在这种光线下进行拍摄。对于外形高大、轮廓鲜明的花卉，在拍摄时要直接对天空进行测光，这样能够消除画面中所有的色彩和组织结构等细节，在外围轮廓中得到金黄色的轮廓光（如丝兰花、巨型仙人掌灯）。逆光使仙人掌的花序显得非常突出，茎叶间的层次更加清晰、分明；浮在水面上的水生植物在逆光的作用下也会呈现出重复的反射影像。

→ 逆光拍摄时，使用点测光对花卉的受光处进行测光，得到的画面中花瓣呈半透明状，很好地表现了花朵的纹理和质感

| 200mm ┆ f/3.2 ┆ 1/800s ┆ ISO 100 |

## 采用暗色背景拍摄花卉时尽量先用点测光

合适的背景能够更加鲜明地衬托娇艳的花朵。如果花朵的颜色较浅，则适合于使用较深的背景色来表现。拍摄时可以采取点测光模式对花朵较明亮的位置进行测光，从而使其背景或环境呈现较暗的色调，也可以随身携带一块黑色的背景布或背景板，在拍摄时将其布置在花朵的后面。

在具体操作时，可以使用拥有较大光圈的镜头以大光圈进行拍摄，或者利用长焦镜头的长焦端进行拍摄，以得到浅景深画面。

↑ 使用点测光对梅花进行测光，得到的画面中，淡粉色的梅花在深调背景的衬托下显得非常通透

200mm ┆ f/3.2 ┆ 1/500s ┆ ISO 100

## 使用反光板为花卉补光

在户外拍摄花卉时，难免会碰到强烈的直射光。虽然这种光线下的花卉立体感较强，但明暗对比也会过强，影响花卉精美细节的展示。例如，当阳光来自左上方时，强烈的光线会在花朵的右下方留下比较浓厚的阴影。此时，如果在花卉背光处使用反光板进行补光，不但能够提亮花卉的暗部，减少光比，在刮风的天气还能挡风，以保证照片的清晰度，可谓一举两得。

→ 由于光线较强，因此使用反光板对小花进行补光，使其与暗背景分离，画面看起来层次分明

200mm ┆ f/10 ┆ 1/250s ┆ ISO 100

## 减少曝光使花卉色彩更浓郁

花朵之所以美丽，不仅仅是因为它的外形很讨人喜欢，最重要的一点是其颜色丰富、鲜艳，容易吸引人的眼球。所以，在拍摄时，如何把握花卉的颜色，使花朵的颜色看起来更加娇艳，就是摄影师值得考虑的问题了。在拍摄时，可以适当减少曝光补偿，这样会使花朵看起来颜色饱和度较高，增强其娇艳的感觉。

→ 减少曝光补偿不仅使花卉的颜色更加浓郁，同时也压暗了背景的亮度，在暗调的背景衬托下，红花显得更加娇艳

110mm ┆ f/2.5 ┆ 1/500s ┆ ISO 100

## 用后期完善后期：调出纯净的暗调效果

　　暗调（低调）照片是指画面以暗调为主的照片，往往是在大光比情况下，对照片亮部进行测光并拍摄。此时可能会由于测光不准或者不恰当的曝光补偿，导致画面不够纯净，且存在曝光问题。本例就来讲解调整出纯净暗调照片效果的方法。

　　详细操作步骤请扫描二维码查看。

 处理后的效果图

 原始素材图

## 利用曝光补偿使花卉露珠更明亮

　　根据"白加黑减"的曝光原则，在拍摄有水滴及阳光照射的明亮花草时，应该做正向曝光补偿，这样能够弥补相机的测光失误。但这种规则并非绝对，如果拍摄的水滴所附着的花草本身色彩较暗，例如墨绿色或紫色，则非但不能做正向曝光补偿，反而应该做负向曝光补偿，这样才能在画面中突出水滴的晶莹质感。

← 挂满露珠的花朵给观者一种充满生机的感觉，由于拍摄时增加了曝光补偿，不仅提亮了画面，也使露珠看起来更加明亮、通透

90mm ┊ f/10 ┊ 1/250s ┊ ISO 100

## 15.2 昆虫的用光与曝光技巧

### 运用恰当的光线拍摄昆虫

在拍摄昆虫时，所选择的光线的角度与昆虫的质感有关。例如，拍摄蜜蜂、蜻蜓类有透明羽翼的昆虫时，应该在逆光或侧逆光角度下拍摄，使其羽翼显得剔透。在表现毛毛虫、蜗牛等不透明、不反光或反光较弱的昆虫时，可以采取顺光的角度，以在画面中表现其细腻的质感。

如果要拍摄的昆虫有光洁坚硬的外壳，可以采取前侧光或侧光进行拍摄，以便在其外壳处形成高光反光点，突出其光洁坚硬的外壳。

➡ 在散射光下拍摄的蜜蜂头部，由于受光均匀，其细节部分也清晰可见

| 90mm | f/8 | 1/250s | ISO 100 |

➡ 强光下拍摄一身露水的蚂蚁，不仅将露水表现得十分晶莹剔透，也使蚂蚁看起来很有光泽

| 100mm | f/13 | 1/500s | ISO 100 |

## 利用闪光灯为昆虫补光

在微距摄影中利用闪光灯不仅能帮助摄影师解决光线不足的问题，而且能大大缩短曝光时间，保证照片的锐度。

通常，在进行微距摄影时会选择使用内置或外置闪光灯。利用内置闪光灯拍摄微距照片时，由于闪光灯同步速度较低，最高只能支持1/200s的快门速度，因此在光圈较大的情况下，很容易曝光过度，此时就不得不采用较小的光圈进行拍摄了。

而拍摄微距专用的外置闪光灯，最合适的就是环形与双头闪光灯，利用这两种闪光灯拍摄的画面光线均匀，没有阴影。

← 利用闪光灯对昆虫进行补光后，不仅画面的亮度提高很多，而昆虫身上的高光也使其看起来很有立体感

| 90mm | f/10 | 1/250s | ISO 100 |

## 15.3 微距花卉的闪光技巧

### 内置与外置闪光灯的运用

除了长焦镜头外，微距镜头及其他各种器材在拍摄时都是使用较近的对焦距离，因此内置与外置闪光灯都会受镜头遮挡的限制而无法进行补光，这时可以尝试在内置或外置闪光灯上增加一个弧形的反光罩，用于将闪光灯射出的光线反射到镜头前面的拍摄对象上。

→ 用白纸反射闪光灯的光线，虽然设备比较简陋，但拍摄结果还是不错的，而且能够省下一大笔专用闪光灯的钱

如果可以让外置闪光灯进行离机闪光，也可以很好地解决补光问题。

↑ 使用闪光灯发出闪光，从上向下进行照射，得到照片中的拍摄效果

100mm | f/5.6 | 1/250s | ISO 100

## 环形与双头闪光灯的运用

环形与双头闪光灯均是专业的微距摄影专用闪光灯，它主要由2部分组成，后端有一个引闪器，用于插在闪光灯的热靴上，而另一端就是闪光灯本身了，它可以固定在镜头前端，这样镜头前的拍摄对象就能够得到闪光充分的照射。

↑ 环形闪光灯与双头闪光灯

↑ 专业的闪光灯所带来的补光效果不容忽视，这张照片中对细节的表现非常优秀

100mm ┊ f/6.3 ┊ 1/320s ┊ ISO 100

需要注意的是，这种闪光灯比较厚，装在镜头前面之后，对5cm～10cm以内的对象无法拍摄。对于双阳环或倒装环的用户，其对焦距离通常只有3cm～5cm，因此很难进行拍摄，另外，这种闪光灯要安装在镜头前的遮光罩位置，而倒装后的镜头，遮光罩已经反了，因此无法使用这种闪光灯。

## 闪光灯在微距摄影中的使用

如果是采用倒装环、无触点的近摄接圈这类无法自动获得测光、对焦等信息的镜头，那么在使用闪光灯时，也必须手动控制闪光量。至于闪光量的具体数值，只能依靠经验或不断尝试才能得出正确结果。

另外，无论是以哪种方式或哪种闪光灯进行补光，都建议在闪光灯上增加柔光罩，以使光线更加柔和，不会形成难看的光斑。

↑ 安装了双头闪光灯的相机

→ 使用专业的双头闪光灯并配合柔光罩对花朵进行补光拍摄，得到了光照均匀、画面柔和的效果

100mm ┆ f/8 ┆ 1/200s ┆ ISO 160

## 微距花卉的拍摄技巧

用微距技术拍摄花卉题材时，比较常见的是选取细小的花蕊进行表现。1:1 的放大比例让花朵的"内心世界"细致地展现在观者面前。拍摄微距花卉时，可根据花朵种类、花蕊生长趋势在构图上进行灵活的把握。

→ 花蕊的质感在微距镜头下被表现得很细致，就连其顶端的花粉也粒粒可见

135mm ┆ f/9 ┆ 1/200s ┆ ISO 100

## 微距昆虫的拍摄技巧

微距摄影非常神奇，可以使小小的昆虫充满活力与生命力，将最动人心弦的细微之处显露无遗。想要拍好昆虫的特写镜头，需要注意以下一些方法和技巧。

太阳刚刚升起的时候，草丛中的温度还很低，昆虫们几乎都静止不动，要等太阳完全升起后，才会开始一天的活动。在这段时间里，我们可以获取很多的拍摄机会，还可以从容地进行构图和拍摄。

在拍摄昆虫时，可以针对拍摄的昆虫的形体来确定焦平面的选择。焦平面的选择应该尽量与昆虫身体的轴向保持一致。例如，在拍摄展开翅膀的蝴蝶时，就应该使忽然展开的翅膀的平面与焦平面平行。熟练以后可以尝试更多有趣的构图，拍出更具视觉冲击效果的照片。

◀ 绿色背景的画面中挂满露水的红色瓢虫显得格外突出，虚化的环境使画面更加简洁，也衬托着主体，使其更加明显

60mm ┊ f/7.1 ┊ 1/100s ┊ ISO 100

有些昆虫会利用拟态来对付天敌，它们利用颜色或形体等将自己融入到周围的环境之中，寻找起来比较困难。在拍摄这类昆虫时，要在树叶、花丛中仔细寻找。当然，如果能在拍摄前详细了解一些生态知识，对拍摄活动会有很大的帮助。

有些昆虫的飞行速度非常快，要清晰地抓拍到它们的身影，需要练习一些拍摄技巧。例如，在光线好的时候，可以用高速快门；在光线较暗的时候，如果使用大光圈也不能够很好地进行曝光时，可以借助外部光线进行拍摄，如使用闪光灯等。

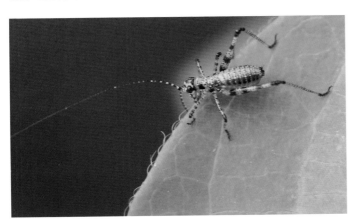

◀ 为了使画面中体积较小的昆虫更加突出，采用大光圈虚化了周围的环境，以虚实对比来突出主体

100mm ┊ f/9 ┊ 1/800s ┊ ISO 400

## 细心发掘更多题材

任何一个事物都有其微小之处，而问题的关键就在于，我们如何通过一个特殊的角度、恰当的用光及构图等，将其这种细微之处放大并表现出来。

例如霜晶、蜘蛛网、蘑菇和钱币等，都是身边非常常见的对象，而通过微距摄影的魔力，将其平日看不到的一面展示了出来，因而画面显得格外亲切而有魅力。我们也可以从身边的小事物开始，用心去发现更多的精彩细节。

↑ 表现草丛中的白色羽毛时，针对羽毛进行点测光，得到较暗的背景，使白色羽毛在画面中更加突出

| 60mm | f/7.1 | 1/400s | ISO 200 |

↑ 以微距镜头表现孔雀羽毛的细致之处，将其纹理和颜色表现得更加唯美

| 50mm | f/1.8 | 1/200s | ISO 100 |

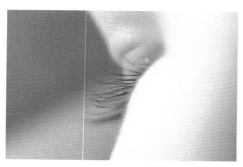

↑ 熟睡中孩子的睫毛在小景深的画面中很显眼，给人一种很新颖的视觉感受

| 85mm | f/1.4 | 1/400s | ISO 200 |

↑ 微距镜头下五彩缤纷的泡沫被表现得好似一个梦幻的世界

| 55mm | f/10 | 1/60s | ISO 640 |

第 16 章

建筑和夜景用光与曝光实战

# 16.1　建筑摄影的曝光要点

## 利用前侧光突出建筑物分明的层次

　　利用前侧光拍摄建筑物时，由于光线的原因，画面中会产生阴影或投影，呈现出明显的明暗对比，有利于体现建筑物的立体感与空间感。在这种光线条件下，可以使画面产生比较完美的艺术效果，拍摄者可以利用更多的空间来实现各种创作意图。

　　用侧光拍摄建筑物时，为了不丢失亮部细节，常常对亮部进行点测光，这样暗部区域的亮度会进一步降低，此时需要注意光比的控制和细节的记录。

➜ 前侧光角度拍摄的建筑物照片，不仅画面明亮，还可以很好地表现出其结构特点

30mm ┆ f/13 ┆ 1/800s ┆ ISO 200

## 通过强光突出建筑物的立体造型

　　在强光条件下拍摄建筑物时，由于有很强的光影照射，对建筑物立体感方面的表现效果非常明显，所以拍摄的画面层次虽然谈不上丰富，但优点在于立体感觉强烈，对于表现外形结构简单、线条硬朗的建筑物尤为适合。

　　另外，在这种光线下，对于建筑物色彩的还原也很好，可以真实地再现建筑物的原来面貌。

➜ 强光照射下拍摄的建筑物照片，不仅画面影调明朗，厚重的阴影也使建筑看起来很有立体感

30mm ┆ f/10 ┆ 1/800s ┆ ISO 100

## 利用逆光拍摄建筑物剪影

无论是现代的标志建筑物还是古代的标志建筑物，其外在的美感都是建筑设计师追求的目标。这些建筑物大都拥有漂亮的外部造型，白天游览能够看到其外部精美的细节，而黄昏时分则能够在略带神秘感的情况下，观赏到其优美的轮廓线条。

如果要在傍晚拍摄建筑物的轮廓，建议选取逆光角度，即可拍摄到漂亮的建筑物剪影效果。在拍摄时，只需针对天空中的亮处进行测光，建筑物就会由于曝光不足而呈现出黑色的剪影效果。如果按此方法得到的是半剪影效果，可以通过降低曝光补偿使暗处更暗，建筑物的轮廓外形更明显。拍摄时切记不要使画面中只有建筑物轮廓线条，还应该将天空中微微显露的月亮、周围的树或人等环境因素安排在画面中。

如果在拍摄时遇到结构复杂多样的建筑物，拍摄者可以选用逆光剪影的形式来表现它们的结构形态。另外，逆光剪影还可以用来表现众所周知的标志性建筑，如悉尼大剧院、中国古建筑和泰姬陵等既有名气又有特点的建筑。

↑ 逆光表现建筑时，对准太阳附近的中灰部测光，即可得到漂亮的剪影效果

45mm ┊ f/10 ┊ 1/1250s ┊ ISO 100

## 降低曝光补偿表现建筑物的久远感

久远的建筑物总是承载着很多的风霜和故事，也是摄影师喜欢表现的题材之一。在拍摄比较久远的建筑物时，为了突出历史的沧桑感，可利用侧光来表现，其形成的明暗对比易于表现建筑物历经风霜后的粗糙质感，还可呈现出其洗尽铅华后的独特细节，而曝光过度或曝光不足都会使所拍摄的古代建筑失去悠远的质感呈现。

➡ 夕阳时分拍摄建筑物，应减少曝光补偿压暗画面，可为建筑物增添几分岁月的厚重感

17mm ┊ f/13 ┊ 1/50s ┊ ISO 100

## 利用斑驳的光影交错拍摄历史遗迹

斑驳的光影有利于凸显历史的沧桑感与时空感，对于那些具有悠久历史的古迹，如兵马俑、圆明园、长城、故宫、敦煌、莫高窟和少林寺等地，如果在拍摄时能寻找到这样的光线，将会拍出感染力极强的画面。

➡ 斑驳的光线照在墙壁上的盘龙雕像上，不仅使其看起来更加立体，还为其增添了岁月的痕迹

90mm ┊ f/11 ┊ 1/250s ┊ ISO 400

## 利用黄昏光线表现建筑物的沧桑感

黄昏时的光线较为柔和，低角度的光线可以使建筑物的影子被拉长，而且黄昏光线的色温都比较低，暖融融的影调效果总能给人以愉悦的视觉感受。用这种光线拍摄古建筑，仿如一位历尽风霜的老人，沐浴在夕阳的余晖下诉说着他曾经的辉煌历史。

拍摄时，建议使用逆光，将建筑物处理成剪影或半剪影效果，使画面略带神秘感，让观者观赏到其优美的轮廓线条及历经沧桑的时代感。

◄ 低角度拍摄黄昏后的残破建筑物，利用暗调表现残破的建筑物，整个画面被渲染得很有沧桑感

| 90mm ┆ f/13 ┆ 1/100s ┆ ISO 100 |
| --- |

◄ 黄昏的光线让画面整体呈现一种陈旧感，非常适合表现圆明园的建筑残骸

| 50mm ┆ f/8 ┆ 1/100s ┆ ISO 250 |
| --- |

## 16.2 夜景的用光与曝光技巧

### 选择最佳光线拍摄城市夜景

拍摄夜景的最佳光线在从日落前5分钟到日落后30分钟的时间段内出现，此时天空的颜色随着时间的推移不断发生变化，其色彩可能按黄、橙、红、紫、蓝、黑的顺序变化，在这段时间里拍摄城市的夜晚，能够得到漂亮的背景色。

在这段时间内，天空的光线仍然能够勾勒出建筑物的轮廓，因此画面上不仅会呈现出星星点点的璀璨城市灯火，还有若隐若现的城市建筑轮廓，画面的形式美感会得到提升。

如果天空中还有晚霞，则画面会更加丰富多彩，漂亮的天空色、绚烂的晚霞和璀璨的城市灯光能共同渲染出最美丽的城市夜色。

→ 日落前夕拍摄的画面，在淡紫色的天空笼罩下，繁华的都市显得特别安宁

30mm ┊ f/10 ┊ 1/50s ┊ ISO 100

→ 金黄色灯光照亮的城堡与蓝调的天空形成鲜明的对比色，画面色调明快且很有异域风情

30mm ┊ f/10 ┊ 9s ┊ ISO 100

## 表现夜景城市的梦幻倒影

水对于夜景拍摄，有时也会起到一定的作用。水的反光和倒影使岸上或周围的灯光增加了亮度，衬托出景物的轮廓，为画面增添了生气。

在进行夜景拍摄时，掌握特点、选择角度与利用自然条件这三者是密切联系的，都必须服从主题的要求，不要孤立地去进行。其中，选择角度必须根据拍摄对象的特点和现场的自然环境而定，同时要注意相机的位置。在一般情况下，晴天晚间的天空是西边亮、东边黑。由东向西望去，水是一片白色的，水的反光和天空的光亮没有多大区别；由西向东望去，水的反射能力很弱，呈灰暗色。在傍晚拍摄夜景时，镜头由东向西进行拍摄的效果较好；而在黎明则采用相反方向进行拍摄的效果较好；如果是雨天或阴天，可不必考虑这些问题。

绚丽的灯光在湖水的映衬下，会呈现出不同颜色的线条。这时拍摄者一般会在对岸进行拍摄。由于要表现倒影，在构图上需要预留出水面的空间。当水面有微风吹过时，根据曝光控制，对水面的质感和色彩进行富有变化的表现。

一般在拍摄时，对着水面中间部位测光后，要根据实际画面适量增加曝光，以照顾画面的暗部层次。为了保证曝光准确，最好采取包围曝光模式，多拍几张，从中挑选出最满意的。

↑ 利用对称式构图将建筑物的水面倒影也纳入画面，绚丽的灯光与蓝调的天空构成一幅美轮美奂的画面

45mm | f/5.6 | 12s | ISO 100

## 用后期完善前期：使水面倒影的大厦构图更完美、均衡

　　要拍摄完美的建筑物倒影，除了基本的曝光及色彩方面的要求外，对环境、水面是否纯净、是否有水波等也有很高的要求，本例就来讲解通过人工合成的方式，合成出一幅构图完美、均衡的建筑倒影效果。

　　在本例中，首先是利用Adobe Camera Raw对照片进行HDR合成及简单的色彩润饰处理，然后再转至Photoshop中，替换新的天空，并进行润饰及倒影处理。

　　详细操作步骤请扫描二维码查看。

↑ 原始素材图　　　　　　　　　　　　　↑ 处理后的效果图

## 表现流光飞舞的车流光轨

　　在城市的夜晚，灯光是主要光源，各式各样的灯光可以顷刻间将城市变得绚烂多彩。疾驰而过的汽车所留下的尾灯痕迹，显示出了都市的节奏和活力。利用不同的快门速度，可以将车灯表现出不同的效果。长达几秒、甚至几十秒的曝光时间，能够使流动的车灯形成一条长长的轨迹。稳定的三脚架是夜景拍摄时重要的附件之一。为了防止按动快门按钮时的抖动，可以使用两秒自拍或者快门线来触发快门。

→ 利用三脚架平视拍摄的车灯轨迹好似擦身而过一样，这样的表现形式使画面看起来很有动感

24mm ┊ f/16 ┊ 20s ┊ ISO 100

对于拍摄地点的选择，除了在地面上外，还可找寻找如天桥、高楼等地方以高角度进行拍摄。天桥虽然是一个很好的拍摄地点，但是拍摄过程经常会受到车流和行人所引起的振动的影响。如果所使用的三脚架不够结实，可以在支架中心坠一些重的东西（如石头或沙袋等），或者在三脚架的支脚处压些石头，或者用帐篷钉固定支脚。

在摄影包里装一些橡皮筋，在曝光过程中将相机背带和快门线绑到三脚架上，以免它们飘荡在空中，发生遮挡镜头的情况。

光圈的变换使用也是夜景摄影中常用的技法。大光圈可以使景深变小，使画面显得更紧凑，并能产生朦胧的效果，用以增强环境的气氛；小光圈可以使灯光星芒化。

← 俯视拍摄的城市夜景，流动的车灯轨迹像金色的光带一样，在蓝色夜幕的衬托下烁烁发光

18mm ┊ f/9 ┊ 17s ┊ ISO 100

## 用后期完善前期：闪耀金色光芒的华丽车流

在本例中，首先要在Camera Raw中对作为主体的车流照片进行美化处理，以确定车流照片的基调。然后在Photoshop中以图层蒙版功能为主，对各部分要保留的图像进行显示与隐藏的处理，从而初步将各部分合在一起。为了强化近景处的光线，还结合画笔工具、"添加杂色"滤镜以及调整图层等功能，对近景添加了具有质感的光线效果。

详细操作步骤请扫描二维码查看。

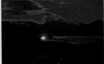

↑ 原始素材图

↑ 处理后的效果图

## 用灯光表现繁华的夜景

城市楼群的绚丽灯光，往往给人时尚、现代的感觉，这样的照片通常是展示一个城市现代化进程的名片。要拍摄这样的照片最好选择一个位置较高、视野较宽阔的地方拍摄，以保证不被其他杂乱的景物干扰，画面也更加宽广，更具视觉震撼力，商业大厦通常是不错的拍摄地点。

大光圈可以增加通光量，但由于其小景深效果，无法展现城市灯光的全貌，因此使用中等大小的光圈配合较慢的快门速度拍摄，在保证充分曝光的前提下，能够获得较大的景深，从而更好地展示城市灯光夜景。

在测光时，应对准画面中从亮部到暗部均匀过渡的区域进行测光，这样可以使画面整体都有较好的表现。另外，适当的曝光不足可以在画面中营造夜幕宁静、神秘的气息。

→ 在深邃的夜空下，灯火辉煌的建筑在水上显得十分迷人，结合水面上斑斓的灯光倒影给人一种繁华的感受

| 30mm | f/10 | 1/13s | ISO 100 |

## 通过变焦拍摄放射效果

使用个性的放射变焦效果拍摄城市夜景，可以很好地表现城市的动感。

为了保证稳定的变焦过程，得到清晰的爆炸效果，三脚架是必备的装备。对于爆炸效果而言，快门速度和变焦速度对最后画面表现力有决定性作用。一般来说，1/10s的曝光速度已经足够，如果变焦速度不够快的话，则需要再放低快门速度。

→ 使用变焦手法拍摄夜景，可以给人一种很强烈的视觉冲击力

| 45mm | f/13 | 20s | ISO 100 |

## 用大光圈拍摄焦外成像

在拍摄城市夜景时，使用焦外成像的手法，可以拍摄出朦胧的感觉，为城市夜景添加朦胧与神秘感。

焦点前后虚化的影像通常称为焦外成像，它与柔焦的区别是：柔焦一般是指整个画面柔化，没有清晰的影像；而散焦则有清晰的部分，在清晰焦点前后的影像都是柔化的。

 使用焦外成像的手法，拍摄出朦胧的感觉，为城市夜景添加朦胧与神秘感

50mm ┊ f/2.8 ┊ 10s ┊ ISO 200

## 用后期完善前期：模拟失焦拍摄的唯美光斑

在本例中，将以"场景模糊"命令为主，制作唯美的光斑效果，通过调整适当的参数，可以得到不同大小、密度以及亮度范围的光斑效果。另外，在制作光斑后，画面会显得有些灰暗，此时还要注意调整整体的亮度与对比度。

详细操作步骤请扫描二维码查看。

↑ 原始素材图

➡ 处理后的效果图

## 使用小光圈拍摄星光点点的星芒效果

白天和夜晚的光线条件差距相当大，一些白天看起来单一的场景，夜幕降临后会给人一种与众不同的感觉。现代建筑，利用先进的照明设备和五彩斑斓的灯光效果，使其成为夜景摄影中的一大亮点。可利用缩小光圈的方式，将夜晚的灯光表现成星芒状，营造梦幻的夜景效果。

星芒的出现因素有两个，一个是光源一定是强点光源，或者是近似点光源；另一个是相机光圈结构，如果利用小光圈产生星芒的话，应该选用偶数光圈叶片的镜头。一般的认知里，圆形叶片的优点是遇到圆形光点的散景会较圆润，这也是大多数人追求的优美散景，也就是所谓的"人像镜"必备的条件。但是圆形叶片散景圆润，却不利于制造星芒。

由于夜景摄影本就属于弱光拍摄，若拍摄时使用小光圈就会使曝光时间更加长，因此拍摄时要借助三脚架的支撑，以进行长时间拍摄，同时保证画面清晰。除此之外，还可以搭配使用不同的星光镜，从而轻松获得更多不同样式的星芒效果。

➜ 俯视角度并缩小光圈后拍摄的大桥上的路灯，呈现出星芒状效果，仿佛海上明珠一般

27mm ┊ f/16 ┊ 20s ┊ ISO 100

➜ 设置小光圈拍摄的圣诞树，在星芒状灯光的点缀下，画面充满了节日喜庆的气氛

28mm ┊ f/10 ┊ 12s ┊ ISO 100

## 间歇性曝光拍摄五彩烟花

由于亮度较高的烟花与亮度非常低的夜空之间的明暗反差特别大，所以若使用自动对焦模式往往会无法成功对焦，比较好的解决方法有两个。

方法一，在夜空中升起第一个烟花时对其进行对焦，之后转换为手动对焦模式，保持参数不变，拍摄接下来出现的烟花。

方法二，如果条件允许的话，可以对周围被灯光点亮的建筑物进行对焦，然后使用手动对焦模式拍摄烟花。

烟花从升空到燃放结束，大概只有5s～6s的时间，而最美的阶段则是前面的2s～3s，因此可以将快门速度设定在这个范围内。烟花燃放时，会比测光时亮度要高，所以应适当缩小光圈，以免曝光过度。

如果使用B门曝光模式，按下快门按钮后，用不反光的黑卡纸遮住镜头，每当烟花升起，就移开黑卡纸让相机曝光2s～3s，多次之后关闭快门，可以得到多重烟花同时绽放的照片。需要注意的是，总曝光时间要计算好，不能超出适合曝光所需的时间。

← 经过几秒的曝光时间，得到好看的烟花画面，应注意的是画面中其他部分是否会曝光过度

24mm ┊ f/11 ┊ 8.2s ┊ ISO 160

## 表现唯美效果的空中明月

月夜类的照片，最常见的是拍摄明月挂枝头形式的画面，这种效果的照片通常需要两次曝光，因为无论是从曝光还是画面比例来说，一次曝光根本无法全面顾及地面景物与月亮的亮度、比例。在拍摄时，地面景物如果有一定的宽广度，则一次曝光拍摄时，月亮的形体必然很小，而若改用长焦距镜头将月亮拍大，地面的景物又很难照顾。要解决这个问题，就只有进行两次曝光。

最好的方法是在太阳落山以后，天空还有一定亮度的时候，此时要保证地面景物的轮廓也清晰可辨，这时光线的色温偏高，拍摄出来的照片画面色调偏蓝，有利于表现清幽的月色。可以用标准镜头或广角镜头对地面景物进行第一次曝光，待天色全黑、月亮转至合适位置后，再用200mm左右的长焦镜头拍摄月亮。

注意，两次拍摄时的曝光量不同。例如，拍摄明月时如果用f/11的光圈，曝光时间在10s左右即可，但拍摄地面景物时，就必须根据天空中的光线和地面的光线强度来确定曝光量，因此要多次尝试才有可能拍摄到令人满意的照片。

拍摄月亮时，在取景与构图时，要根据拍摄场景因地制宜，可以隔着水面拍摄出月亮在水中的倒影，也可以用柳树作为前景，在枝条的缝隙中透出圆圆的月亮，得到"月上柳梢头"的效果。

→ 拍摄月亮时，将前景中的岩石也纳入画面，不仅丰富了画面元素，还给人一种沧桑感

200mm ┊ f/7.1 ┊ 1/160s ┊ ISO 400

## 表现奇幻效果的星光轨迹

星轨是一个比较有技术难度的拍摄题材，总体说来，要拍摄出漂亮的星轨要有"天时"与"地利"。

所谓"天时"，是指时间与气象条件，拍摄的时间最好在夜晚，此时明月高挂，星光璀璨，能拍摄出漂亮的星轨，天空中应该没有云层，以避免遮盖住了星星。

所谓"地利"，是指由于城市中的光线较强，空气中的颗粒较多，对拍摄星轨有较大影响，所以要拍出漂亮的星轨，最好选择效外或乡村。构图时要注意利用地面的山、树、湖面、帐篷、人物或云海等对象来丰富画面内容。

同时要注意，如果画面中容纳了比星星还要亮的对象，如月亮、地面上的灯光等，长时间曝光之后，容易在这一部分严重曝光过度，因而影响画面整体的艺术性，所以要注意回避此类对象。

↑ 拍摄星轨时，可将地面的景物也纳入画面，金黄色灯光照亮的喷泉与蓝调的星空画面构成了好看的冷暖色调对比

20mm ┊ f/5.6 ┊ 1231s ┊ ISO 800

此外，还要注意拍摄时镜头的方位，如果是将镜头中线点对准北极星长时间曝光，拍出的星轨会成为同心圆，在这个方向上曝光1小时，画面上的星轨弧度为15°，曝光2小时为30°，而朝东或朝西拍摄，则会拍出斜线或倾斜圆弧状的星轨画面。目前，拍摄星轨有两种方法，第一种是拍摄时用B门进行长时间曝光，因此要使用带有B门快门释放锁的快门线。另一种是采用连续拍摄的方法，在几十分钟至几小时的时间里连续拍摄数百张照片，然后在后期处理时用Photoshop或专业星轨处理软件StarsTail合成处理。

→ 地面岩石的加入使画面营造出了一种奇幻的视觉效果。另外，由于采用了后期堆栈合成法，画面的噪点比较少（连续拍摄200张合成得到）

↓ 为了较自由地控制曝光时间，拍摄时选用了B门进行拍摄，其次还配合使用了带有B门快门释放锁的快门线，让拍摄变得更加轻松且准确

| 30mm | f/8 | 3000s | ISO 100 |

## 用后期完善前期：使用堆栈合成国家大剧院完美星轨

　　要将拍摄的多张照片合成为星轨，其使用的技术较为简单，只需要将照片堆栈在一起并设置适当的堆栈模式即可，其重点在于前期拍摄时的构图、相机设置以及拍摄的张数等。当然，除了单纯的星轨合成之外，我们还需要对合成后的效果进行一定的处理，如曝光、色彩以及降噪等。

　　详细操作步骤请扫描二维码查看。

↑ 原始素材图

→ 处理后的效果图

## 用后期完善前期：将暗淡夜景处理为绚丽银河

　　在调整银河照片时，可根据使用的软件而分为两部分操作。第一部分是在Camera Raw中，充分利用RAW格式照片的宽容度，首先确定照片的曝光及色彩基调，然后对照片的对比度、亮度、暗部以及主体、细节等元素分别进行调整，最后再对照片进行降噪处理；第二部分操作是在Photoshop中完成的，通常是对细节进行深入的调整，如修除多余元素、美化曝光、色彩及立体感等。

　　详细操作步骤请扫描二维码查看。

↑ 原始素材图

↑ 处理后的效果图